家のネコと野生のネコ

澤井聖一 本文・写真解説　近藤雄生 野生のネコ本文

X-Knowledge

家のネコと野生のネコ

Part 4 Cats of Africa / Middle East

アフリカ・中東のネコ —— 132

Part 5 Cats of South America

南米のネコ —— 178

家と野生の猫つながり

1万年にわたって家猫の大きさや形は、あまり変わっていない。これはヒトの使役動物として改良されず、生活のパートナーだった証だ。だから野生の姿形や性質を色濃く残す。家猫と野生ネコを同じ目線で捉え、家猫の野性力を探り、野生ネコの尊さを再認識したい

家と野生の猫つながり —— 1

ペルシャとその起源とされた野生種

なぜ短毛の家猫が長毛になったのか。
野生ネコでは珍しい長毛種の歴史を紐解きながら、
その謎を解明する

家猫のペルシャ

英名 — Persian
起源 — 古代　原産 — ペルシャ（現イラン）　体重 — 3.5～7kg

シャムと並び世界で最も有名な家猫。異種交配によって、両種からはさまざまな品種が生まれた。ペルシャの起源については明確な記録が残っていない。1500年代半ばの記録が最も古いが、それ以前から存在していたといわれる。古代種のターキッシュアンゴラ（22頁）を原種とする説の支持が多かったが、大規模な家猫の交配調査によって、それも変わりつつある。現在のペルシャ（猫）は、ペルシャ（現イラン）からだけでなく、トルコやロシアからヨーロッパに持ち込まれた長毛のネコたちを交配させて生まれたのだという。英国のネコとも同系交配を続けてきた。この結果は本文にある、ネコを長毛にするFGF（線維芽細胞増殖因子）5遺伝子の調査結果とも符合する

撮影者 | Gerard Lacz

野生のマヌルネコ

英名ー Pallas's Cat
起源ー約590万年前　発見ー1776年　体重ー2.5〜5.3kg

実際の大きさは、右頁のペルシャよりも小さい。特異な風貌で似た野生ネコがいない。東南アジアに広く分布するベンガルヤマネコ系統に分類されているが、家猫も含まれるイエネコ系統にも近い。見るからにぽっちゃり系の体型が夏にはガリガリ系に。気温が冬のマイナス50度から夏には40度にも達する。銀灰色の毛は赤みを帯び、毛が短くなるだけでなく、体重も半分近くになるという

撮影者｜Rod Williams

イエネコには短毛種が多いものの、右頁のペルシャのような長毛種もかなりいる。短毛・長毛は一目で見分けられる。ソマリ（174頁）のような中毛もいる。「アビシニアン（175頁）とソマリ」「ブリティッシュショートヘア（42頁）とブリティッシュロングヘア」などは、同じ猫種でありながら短毛・中毛・長毛それぞれで独立した別品種。「マンクスとキムリック（43頁）」のように、短毛と長毛でひとつの品種とすることもある。

長さの基準は、家猫、野生ネコとも特にない。目安として主な被毛が4〜5㎝あれば、長毛と呼ぶことが多いようだ。

では、世界に38種いる野生ネコに、長毛はどれほどいるのだろう。一番はマヌルネコ（100頁）。見るからに長毛。特に写真の冬毛はペルシャに引けをとらないほど。離れた耳をはじめ、ペルシャに似ている。

野生ネコに長毛種という定義はなく、北限種のユーラシアオオヤマネコ（28頁）やカナダオオヤマネコ（60頁）の毛は長いが、季節によって毛の長短が大きく変わり、北方種は冬場に長毛となるものが多く断定しにくい。アムールヒョウ（86頁）やアムールトラ（16頁）など、北方に分布する亜種のみ毛が長くなることもある。しかし、マヌルネコやアジアのユキヒョウ（88頁）、南米のアンデスキャット（198頁）は長毛系といってよいだろう。いずれも標高5,000m前後の極寒の地で生きている。

野生ネコに長毛種が少なく、それほど毛も長くないのは、北極海や北極圏まで分布していないからか。同じ食肉目でも、イヌ科（ホッキョクオオカミ、ホッキョクギツネ）やクマ科（ホッキョクグマ）は北極圏の奥深くまで進出して非常に長毛になった。

では、家猫の長毛はどこから来たのか。マヌルネコの発見者でその英名Pallas' s Cat（≒パラスのネコ）に名を冠する、18世紀の大博物学者ペーター・ジーモン・パラスは、ペルシャとターキッシュアンゴラ（22頁）はマヌルネコの子孫である、と宣言。しかしこれは頭骨の違いから20世紀初頭に否定された。

そもそも、家猫は短毛のリビアヤマネコ（24頁）の子孫である。極寒のどこかの地で長毛が生まれた。その突然変異の長毛を人為的に固定したのだ。原種は？時代は？ すべて不明である。古代種のターキッシュアンゴラがこれまで有力ではあった。

家猫の毛の長さを決めるのはFGF5遺伝子で、これが損傷（変異）すると、必ず長毛になる。変異には4タイプあって、ターキッシュアンゴラ、ペルシャ、サイベリアンなどは同じM4タイプ。M4の原種が誰だかはわからない。M2タイプはノルウェージャンフォレストキャットのみ。この猫種だけ独自に長毛が発生したのは明らか。他の長毛種は交配で作出された可能性が残る。これが近年の研究成果だ。

家と野生の猫つながり——2

ベンガルはベンガルから生まれた

家猫と野生ネコの混血種。
数あるハイブリッドの中で、なぜベンガルだけが
世界に広がったのだろうか

野生のベンガルヤマネコ

英名 — Leopard Cat
起源 — 約270万年前　発見 — 1792年　体重 — 0.55〜7.1 kg

ひとくちにベンガルヤマネコといっても、姿形から色柄、大きさまで、さまざま。赤道直下の熱帯雨林から西はインド、パキスタンまで、中国を越えチベット高原、ヒマラヤ山脈などの高山地帯、東は日本、韓国、そして気温が氷点下になるロシア極東部にまで分布する。小型の野生ネコの中で最も広い生息地域であり、亜種も多い。上記の体重欄を見てもわかるように10倍以上も違う。家猫ベンガルがどの亜種を元にしたのか定かではない。しかし、アムールヤマネコなどの北方種や島嶼部の亜種は色や柄が地味なので、色鮮やかでロゼット柄も見られる大陸の亜種を原種にした可能性は大きい。写真は、やや地味系。子どもながら家猫の子猫には見られないキリッとした顔立ち。目をぐるっと囲む「マスカラ」のような模様も、家猫ベンガルに受け継がれている

撮影者 | Gerard Lacz

家猫のベンガル

英名 — Bengal
起源 — 現代（1980年代）　原産 — 米国
体重 — 5.5 ～ 10 kg

ベンガルヤマネコの英名はレオパードキャット（Leopard Cat≒ヒョウのようなネコ）なので、名前の由来は和名と同じ学名（種小名）「ベンガレンシス（bengalensis）」である。ベンガル（Bengal）に、ラテン語「属する（-ensis）」が綴られ「ベンガル産の」を意味する。ベンガルは、インド亜大陸北東部の地方名。インドの西ベンガル州とバングラデシュからなり、ベンガルヤマネコの南アジアでの主要な生息地のひとつ。写真は生後10週のメスの子猫。木登り上手は原種のベンガルヤマネコゆずりだ。ロゼット柄とされるが、スポット（斑点）模様のようにも見える。ドーナッツを半分に割ったようなハーフ型ロゼットか、もしくはベンガルは1歳になるまで色が落ち着かないせいもある

撮影者 | アフロ

ハイブリッドや混血種と呼ばれる野生ネコと家猫との異種交配は、生物学者をはじめ否定的な意見も多い。尿のまき散らしや家具の損傷、他のペットとのケンカなどで、手に負えなくなると指摘する。主要な猫種登録団体のCFAも1998年にハイブリッドは公認しないと宣言。もっとも、野生ネコのためではなく、家猫の種の保存が目的である（しかし、2016年に方針を変え、2018年5月にベンガルを正式公認）。

ベンガルに加え120頁にチャウシー（ジャングルキャットとの交配）、15頁にサバンナ（サーバルとの交配）を本書では取り上げている。その他、ハイブリッドとしてサファリ（ジョフロイキャットとの交配）、カラキャット（同カラカルと）、ジャンビ（別名ビベラル、同スナドリネコと）などがある。

価格と飼育の難しさで、それほど普及していないが、ベンガルだけは別格だ。もうひとつの主要な猫種登録団体TICAだけで6万頭以上が登録されているという。日本にも愛好家は多い。問題行動がひどければ、ここまで普及しなかっただろう。では、なぜベンガルだけがここまで普及したのか。それは生まれた背景にもあるように思う。

ベンガルは育種家ジーン・サグデン・ミルの熱意で生まれた。（正しいかは別にして）真にベンガルヤマネコ（110～117頁）の絶滅を憂えたからだ。元になったハイブリッドは、ヒトの難病治療のために生まれてきた。白血病にならないベンガルヤマネコを研究して、ヒト白血病治療の道を切り開こうとしたのだ。そのためにベンガルヤマネコと家猫を交配させ、たくさんの子猫が産まれた。研究を主導したヒト遺伝学の権威センターウォール博士は、そのうちの8頭をサグデン夫人に渡した。そこからベンガルの歴史は始まる。

家と野生の猫つながり —— 3

豹柄になった家猫のベンガル

キジトラのリビアヤマネコを祖先にもつ家猫たち。
これまで彼らが決して纏うことがなかった豹柄とは何か？

世界で最も美しい野生ネコともいわれるヒョウ（142頁）が小さくなって、優しく接してほしい。そんな夢の実現がベンガルなのだろうか。ヒョウの美しい姿態といっても、家猫も引けをとらない。一番の違いは、やはり豹柄。昔から世界中の人に好まれてきた。

厳密な豹柄はもちろんヒョウのみだが、かなり似ているのがジャガーの柄（178頁）。南米のインディオにはジャガーの肉球の形（足で泥を塗った跡）に見え、豹柄は欧米人にはバラの花（ロゼット柄）に見えるという。

ジャガーの柄は中心の黒い点が特徴だが、もっと大きく、数も少ない。個体によっては多角形の閉じた輪になっていて、ヒョウの途切れた黒い輪とは異なる。ベンガルヤマネコ（110〜117頁）の多くはスポット柄（黒い点）で、ロゼット柄は大陸系など一部の個体に限られる。ヒョウのように規則正しく並ばず、ロゼットとスポットが混じっていることも多い。ロゼットの輪が黒い野生ネコは、オセロットとマーゲイ2種のみ（184〜191頁）。豹柄のように並び方に規則性がなく、似た模様の個体が存在しないほど。

色の薄い輪のロゼット柄であれば、ユキヒョウ（88頁）はじめアジアゴールデンキャット（オセロット型）、タイガーキャット（192頁）、サザンタイガーキャット、パンパスキャット（コロコロ型、196頁）の5種がいる。ボブキャットやユーラシアオオヤマネコも、18頁のように季節や個体によってはロゼット柄が浮かび上がる。野生ネコ38種のうちロゼット柄は最低12種だ。マーブルキャットの大理石模様（92頁）、ウンピョウの雲型模様（90頁）も、非常に特徴のある柄だが、同じ名の家猫の柄とはかなり異なる。

家猫のベンガル

英名— Bengal
起源— 現代（1980年代）　原産— 米国　体重— 5.5〜10 kg

野生ネコと家猫の最初の子ども世代をF1世代という。オスに生殖能力はない。その次の次、F2、F3世代まで、高い確率で同様である。これらF1〜F3の3世代を基本ストック（Foundation Bengals）と位置づけ、交配計画には参加させるが一般の飼育対象にはしない。それ以降、SBT（Stud Book Tradition）と呼ばれるF4世代からが純血種のベンガルだ。現在は基本ストックとSBTを交配させているが、ベンガル誕生のキーとなったのはエジプシャンマウ（13頁）だった。育種家のジーン・サグデン・ミル（7頁）は、インドで野生生活を送っていたエジプシャンマウを迎えた。「グリッター」と呼ばれる金色の毛をもち、それがベンガルに受け継がれた

撮影者 | Seregraff

野生のヒョウ

英名— Leopard
起源— 約270万年前　発見— 1758年
体重— 17〜90 kg

動物学では毛の模様の微妙な違いを論じるが、生命工学での模様は3種類しかない。斑点、縞、網目だ。豹柄はさしずめ網目といったところ。ヒョウモン（豹紋）が名につく動物は多く、爬虫類から魚類、昆虫まで多岐にわたる。ヒョウモンオトヒメエイや淡水エイの模様などは、個体によっては豹柄にそっくり。写真の子どもの豹柄は大人と違いまだ単純だ。ぶち模様から途切れた複雑な輪になる途中である。ロゼットが小さく密集して見えるのはなぜか。哺乳類は胚の段階で柄が決まっていて、成長とともに風船の模様のように広がっていくから。魚類は逆に成長しても模様の幅や間隔を維持するので、模様の数が増える

撮影地 | ボツワナ
撮影者 | Sergey Gorshkov

野生のオセロット

英名 — Ocelot

起源 — 約290万年前　発見 — 1758年　体重 — 6.6〜18.6kg

オセロットの名前は、ラテン語のocellatus（オケッラトゥス）に由来する。「眼紋の」を意味し、意訳すると「目のような斑点のある」となる。表側は複雑な斑紋だが、裏側の首や腹、足の内側の地色は白く、縞模様や縞模様が途切れたような斑点がある。太さが均一の筒状の尾は短く、地面に届かない個体が多い。柄のある動物の尾は、リング状などの縞模様か、斑点模様のどちらか。オセロットは主にはリング状の模様で、先端は黒。個体によっては尾の元あたりが斑点で、先のほうにいくにしたがってリング状になる。これは動物一般に同じ傾向だ

撮影地｜米国（テキサス州ウェルダー野生生物保護区）
撮影者｜Rolf Nussbaumer

家と野生の猫つながり —— 4

名前の由来はオセロット

野生ネコの血を借りずに、斑点（スポット）模様を実現した家猫。その実現の秘密とは？

家猫のオシキャット

英名 — Ocicat
起源 — 現代（1980年代）　原産 — 米国
体重 — 2.5 ～ 6.5 kg

写真はまだ子どもで体の柄も、顔の模様も薄く目立たない。大人になると、もっとくっきりする。育種家は初めルディ（赤土色）のアビシニアンとシール・ポイントのシャムを交配させた。シャムの地色は白く、アザラシ（シール）のような黒っぽい茶色が顔、耳、足先、尾に入っていた。ルディ色のアビシニアンの容姿を受け継いだ子を選び、赤色を帯びた茶色のチョコレート・ポイントのシャムを交配。これで初の斑点模様が生まれたという。その後、バージニア大学の遺伝学者が加わり、猫種として完成していった。その過程でアメリカンショートヘアを利用（現在は禁止）。最近の研究で38種の家猫のDNA配列を調べ、その血縁関係を系統樹にまとめているのだが、オシキャットはシャムとも、アビシニアンとも似ていない。一番近い血縁はベンガルだった。今後、矛盾を解消する詳細なDNA研究の結果を待ちたい

撮影者 | Shattil & Rozinski

「オセロットのようなネコ」だから「オシキャット」。写真のポーズは同じだが、似ていない。オシキャットが斑点（スポット）模様なのに対し、オセロットはもっと複雑だ（186頁）。たしかに斑点はあるが、豹柄のようなロゼット模様もあり、さらにそれが鎖のようにつながっている。模様を説明するのが最も難しい野生ネコともいわれる。

ところが、188頁を見てほしい。黒い斑点模様だ。写真は少し大きくなっているので、斑点がつながりつつあるが、赤ちゃんはオシキャットと同じ斑点模様なのである。そう、野生の血を借りずに、家猫で斑点模様を実現した育種家バージニア・デイリー。その娘が言ったのは「まるでオセロットの赤ちゃんね」だった。

オセロットは、かつて米国でもアリゾナ州からアーカンソー州、ルイジアナ州まで米国南部に広く生息していた。今ではテキサス州のみで南部に80～100頭が残るに過ぎない。2016年、野生のオセロットの赤ちゃんが20年ぶりに発見されて、話題になるほどだ。それだけ、米国人には思い入れがある野生ネコといえる。

オシキャットは、シャムにアビシニアンの毛色をもたせようとして、偶然生まれた。最初の子は、アイボリー（象牙色）の地色に金色の斑点をもっていたという。その後、遺伝学者と協力して種として確立していった。

ネコの毛の色を司る遺伝子は9種ほどが判明しており、模様を決めるのはT遺伝子（tabby:斑模様の由来）。縦縞と渦巻き模様になるTa、ほぼ縞のないアビシニアンタイプになるTi、そしてもう1種、もしくは2種以上の遺伝子が関与して、縞模様が斑点に変わる。だが、その遺伝子は謎のまま。それもあって、野生の血の入っていない斑点模様の家猫は稀にしか誕生しないのだ。

チーターとの関係

アフリカの地に数千年前から存在する斑点(スポット)模様の自然発生種。その伝説と真実に迫る

「マウ(mau)」は古代エジプトの言葉で「ネコ」を意味するから、エジプシャンマウは「エジプトのネコ」のこと。最古の猫種の筆頭候補である。野生種とのハイブリッドでも、人為的な交配種でもない、唯一の自然発生の斑点模様、スポット柄。

世界の家猫はすべて縦縞のキジトラ、リビアヤマネコの子孫。それで自然発生のスポット柄が自然に固定されたというのは、あり得ないのではないか。と、論理的にはそうなるが、証拠がたくさんある。今から4千年ほど前、紀元前1900年頃以降の古代エジプトでは、スポット柄のネコがたくさん描かれている。

多産と豊穣の象徴として女性の足下にうずくまるネコ、『死者の書』に登場する太陽神ラーの化身としてのネコなど、いずれもスポット柄が描かれている。古代ギリシャや古代ローマでも、像、絵画、モザイク、壺に登場する。ギリシャやローマのスポット柄は滅んだが、エジプトの地だけに残されたのか。人為的な交配の有無など、記録は一切残っていない。ただ、存在するのだ。

古代から存在する証拠には至らないが、身体的な特徴もある。「プライモーディアル・ポーチ」が顕著。これは脇腹から後ろ足の前あたりの腹に垂れ下がる皮。「ルーズスキン」「皮ひだ」ともいい、チーターをはじめ大型の野生ネコなどにも見られる。走るときにストライドを最大にできる。猫種にもよるが、家猫の足は恐ろしく速い。エジプシャンマウは時速48kmに達し、100mを7秒で走る。同じスポット柄というだけでなく、チーター(158頁)と並べた理由だ。

なお、サウジアラビアの東、ペルシャ湾内の砂漠と石灰岩に覆われた小さな島に、スポット柄の家猫がいる。バーレーン・キャットクラブは2006年、そのネコを「バーレイニディルムンキャット(Bahraini Dilmun Cat)」と名づけ、斑点模様を司る遺伝子は中東の家猫のみに存在し、自然発生スポット柄は1種ではないと主張している。

野生のチーター

英名 — Cheetah
起源 — 約490万年前　発見 — 1775年
体重 — 21 ～ 64kg

夕日が草原をたそがれ色に染める頃、燃え焦げた木と蟻塚の間にたたずみ、前方をじっと見つめるチーター(158頁)。正面から見ると、そのほっそりした姿が際立つ。ライオンやヒョウなど大型野生ネコの仲間ではなく、DNA配列は、(ヒョウよりも大きな)ピューマ(54頁)や(大型家猫ほどで)南米に棲むジャガランディ(202頁)に近い。金色の地色に真っ黒な水玉模様が等間隔に並んでいる。大きさは3㎝前後で、その数約2,000個。その水玉の間に目立たないが、うっすらと小さな濃い茶色の斑点がある

撮影地｜ボツワナ(チョベ国立公園リニャンティ湿原)
撮影者｜Sean Crane

唯一の自然発生 スポット柄と

家猫のエジプシャンマウ

英名 — Egyptian Mau
起源 — 古代　原産 — エジプト
体重 — 2.5 〜 5 kg

生後8カ月ほどのメス。シルバーの地色が明るい照明を浴びて、美しいスポット柄が浮かび上がる。エジプシャンマウ特有の足の縞模様も鮮やかだ。グーズベリー・グリーンという名の目が印象的。淡い緑で、熟す前のスグリの実の色。その目は濃い「マスカラ」ラインに縁取られている。額にはM字の「スカラベ(古代エジプトで神聖視されたコガネムシ)」マーク。目元から頬に走る上下2本のラインもくっきり。古代エジプトの女性は、この美しいネコの顔をまねて目元に化粧を施したという

撮影者 | Yves Lanceau

人はサーバルに魅せられサーバルを目指す

どこか、他の野生ネコとは違うサーバルとは何者？
その誕生史を綴る1000万年の物語

野生のサーバル

英名—Serval
起源—約560万年前　発見—1776年
体重—6〜18kg

野生のサーバルでも、写真のような生後12週の子猫であれば、家猫のように愛らしい顔つき。ハイブリッドのサバンナが水遊びを好むように、原種のサーバル（144頁）も水は大好き。映像でよく見る草原より生息地としては湿地を好む。だから、水辺の狩りも得意で、水中の魚を前足の爪で引っかけて捕ることができる。ある若いオスは、3時間で28匹のカエルを捕まえて食べた。ケニアで撃たれた個体の胃の中がカニでいっぱいだったことも

撮影地｜ケニア
（マサイマラ国立保護区）
撮影者｜Suzi Eszterhas

現存するすべてのネコの祖先はおよそ1080万年前の中央アジアあたりで生まれた。800万〜1000万年前にサーバル（144頁）たちの先祖はふるさとのアジアを離れアフリカ大陸に旅立つ。アフリカの大地で250万〜450万年を過ごすと、仲間からサーバルだけが独自に進化していた。ネコなのに頭は小さく、耳はものすごく大きく、胴もすらりと長く、なによりネコ離れした足の長さになっていた。

残りの仲間の2種は、もっとがっしりした体躯で大きくなり、カラカル（150頁）とアフリカゴールデンキャット（154頁）という名のネコになった。

他のネコたちは、アジアを中心に、アフリカと南北アメリカ大陸の間を行ったり来たり。900万年ほど繰り返して現在の種に落ち着く。でも、サーバルたち3種だけはアフリカの地から二度と出ることはなかった。こうしてネコらしくないサーバルは生まれた。

ヒトは、ヒョウやトラの美しさに魅せられ、その姿形や大きさに驚嘆する、と同時に恐れもする。しかし、サーバルを見て恐れを抱くヒトはいないだろう。世界中の、大人だけでなく、子どもたちからも愛される。そんな野生ネコだ。

1986年、サーバルの外見、家猫の性質を目指した計画交配から、1頭の野生の血を引くハイブリッドが誕生した。その子はシール・ポイントのシャムのメスとサーバルのオスから生まれた。母親から灰色がかった褐色の地色を、野生の父親から濃いスポット（斑点）柄を受け継いだ。その子はサバンナと名づけられ、それが後の猫種名になった。

最初の子が第1世代で、第3世代までは野生の血が濃くて一般に飼うのは難しい。F5とよばれる第5世代以降であれば、日本でも家猫の純血種となる。飼い主に従順で、人懐こい。リードをつければ楽しげに散歩もするし、ふつうの家猫と違って飼い主が帰宅すればイヌのように迎えてくれる。

左｜ 家猫のセレンゲティ

英名— Serengeti
起源—現代（1990年代） 原産—米国（カリフォルニア州） 体重—3.5〜7kg

野生ネコのサーバルを使わずに、サーバルのような容姿の家猫を目指したのがセレンゲティだ。だから直接的なハイブリッドではない。育種家は保全生物学者でもある。1994年に計画交配をはじめ、今なお継続中という。綿密な計画で進めていたが、うっかり目を離した隙に、シャム系のオリエンタル（127頁）のオスとベンガル（6〜9、121頁）のメスが自然交配してしまった。それが初代セレンゲティ。根元が幅広くてすごく大きな耳、長い首、非常に長い足、すっとした佇まい。野生の血を借りずに見事にサーバルが家猫になった

撮影者｜アフロ

右｜ 家猫のサバンナ

英名— Savannah
起源—現代（1986年） 原産—アフリカ、米国 体重—5.5〜10kg

写真は第1世代（F1）。野生のサーバルと家猫の子なので、オスは生殖能力をもたない。次の次、第3世代（F3）でも生殖能力をもつオスは少なく、第4世代（F4）でようやく生殖能力をもつオスが多くなる。サバンナは第7世代（F7）まであり、日本では野生のサーバルの遺伝子が50％を超えない第5世代（F5）から家猫として飼育が可能となる。サーバルはもちろん、F1〜F4のサバンナは、特定動物として飼育に特別な許可が必要。海外ではF5やF6のサバンナのオスと野生のサーバルのメスとの戻し交配で模様を鮮明に出すこともある

撮影者｜Katerina Mirus

家と野生の猫つながり —— 7

野生の大きなトラと 家猫の小さなトラと

世界最大の野生ネコには、唯一無二の模様が刻まれている。
野生のネコと家のネコの、もうひとつの違いとは？

キジトラ、茶トラ、サバトラと、トラのような縞模様は日本人になじみ深い。家猫の先祖リビアヤマネコにも、その仲間のヨーロッパヤマネコにも縦縞がある。しかし、動物学的に縞模様のある野生ネコはトラだけ。ぼんやりした縞では、模様と認められないらしい（遺伝学者は同じ縞模様とする）。

野生ネコのほとんどは斑点（スポット）模様（豹柄などロゼット模様を含む）か、柄のない無地で、確かに明確な縞模様はトラだけ。こんなに目立っては獲物が逃げてしまいそうだが、森の光と影に溶け込み、完璧なカムフラージュになっている、らしい。それに霊長類を除く哺乳類のほとんどは2色型色覚（稀に1色型）。「赤と緑」「黄色と黄緑」などの区別が苦手で、ド派手なオレンジの地色とは獲物の目にも映らない。

そんなトラの模様を再現した家猫がトイガー。Toy（小型の、愛玩用）とTiger（トラ）のからの造語（Toyger）である。手がけたのはベンガルの生みの親ともいえるサグデン夫人（7頁）の娘、ジュディー。時は1980年代。毛皮とペット目的の乱獲により野生ネコが激減していた時代。（当時の一般的な倫理観から）野生種の保護を目指して、トラの容姿をもつ家猫を作り出そうとしたのだ。だから、トイガーにはもちろんトラ（82頁）の血は入っていない。

顔の輪郭をぐるっと彩るサーキュラーマーキング。トラ独特の顔模様だが、似た模様をもつベンガルと雑種の子2頭が生まれたのが発端という。ブラウン・マッカレルタビー（キジトラ）模様の鮮明化に取り組んでいたジュディーの転機に、そして新しい猫種としてのトイガーへの道が切り開かれた。しかし、トイガーがどんなにトラの柄に近づいても、決して同じにならないものがある。それは地肌の模様。家猫の肌模様は毛の柄と同じにならないが、トラなど大型野生ネコの肌には毛と同じ柄が刻まれている。皮膚の毛包（もうほう）の色が透けて見えるからだ。

右 | 野生のアムールトラ

英名 — Siberian Tiger
起源 — 約280万年前　発見 — 1758年　体重 — 平均221kg（オスの現況）

ロシア極東部のアムール川流域に棲む亜種で、シベリアトラともいう。野生のトラは20世紀初頭には約10万頭が生息していたが、2014年現在で2,154〜3,159頭にまで減少。動物園を除く飼育下のトラは、米国だけで6,000頭以上、アジア全体で7,000頭以上。米国はペットが多く、アジアは毛皮、薬用のため飼育して屠殺する劣悪な環境の「トラ牧場」が多い。野生のアムールトラは、約30頭から約540頭に回復。かつては最大体重364kgの個体も見られたが、今ではベンガルトラと変わらない大きさに。超大型の野生トラはもはや存在しないかもしれない

撮影者 | Edwin Giesbers

左、下 | 家猫のトイガー

英名 — Toyger
起源 — 現代（1990年代）　原産 — 米国　体重 — 5.5〜10kg

地色は鮮やかなオレンジ色で、ベンガルと同じ「グリッター」と呼ばれる金色の毛が混じる。この毛色は、インドから迎えたエジプシャンマウからベンガルが受け継いだとされるもの。トイガーもインドのカシミール地方から取り寄せた珍しいオスの血を取り入れている。耳の間にスポット柄があったという。なお、濃い縦縞は途切れたり、枝分かれすることもある。頬に輪状模様、額に山型の模様が入る。尾は長くリング状の模様で、先端は黒

撮影者 | 左：stockelements　下：blickwinkel/Eckelt

純血か、混血か、それが問題だ

身近に野生ネコがいると、意識は変わるのか。
野性とは何か？
米国の農家にその本質を尋ねる

上、下｜野生のボブキャット

英名― Bobcat
起源― 約320万年前　発見―1777年
体重― 3.6～18.3kg

一般にボブテイルキャット（bob-tailed cat 尾を短く切ったネコ）の略語とされる。短いといっても家猫のピクシーボブほど短くはない。15㎝弱はある。カナダ南部からメキシコ南部にほぼ連続的に生息しているので、まさに米国の野生ネコだ。小さなメスは家猫ほどの大きさ。大きなオスは18kgを超えるので、その5倍ほどもある。地色はかなり幅があり、白っぽい灰色から鮮やかな赤褐色まで。模様も写真上の薄いそばかす状の斑点から、写真下の豹柄のようなロゼット模様までさまざま。オオヤマネコの仲間で唯一メラニズム（黒色素過多症）が発現し、フロリダ州南部から10件ほどブラック・ボブキャットの報告がある

撮影地｜米国（上：ミネソタ州　下：テキサス州）
撮影者｜上：Paul Sawer　下：franzfoto.com

上、下｜ **家猫のピクシーボブ**

英名 — Pixiebob
起源 — 現代（1989年）
原産 — 米国（ワシントン州）
体重 — 4.5〜8 kg

写真上が成熟メス、下が成熟オス。オスは6〜8kgと大きく、メスは大分小さく4.5〜5.5kg。短い尾に、耳先にはオオヤマネコ特有の飾り毛、リンクス・ティップが立つ。尾は短いと5cmほど、長いと後ろ足の関節（飛節）に届くほど。ねじれたり巻いたりすることもある。もうひとつの特徴が足先で、写真下の前足のように大きく、肉付きが良い。多指症で7本まで認められている。骨太で筋肉質のがっしりした体型と長い足は、ボブキャットにそっくりだ。色柄はブラウン・スポッテッド・タビー（褐色の斑点模様）のみ認められている。ピクシーボブが自然発生種なら、自然発生スポット柄はエジプシャンマウだけでなく、世界で2種もしくは3種いることになる（12頁）

撮影者｜上下とも：
J.-L. Klein and M.-L. Hubert

まるで野生のネコを小さくした妖精（pixie）。それがピクシーボブだ。最も野性を感じる容姿をもった家猫、と米国ではいわれる。野生ネコが身近にいない日本人にはピンとこないかもしれない（116頁）。しかし、モデルとなったボブキャット（64頁）は、米国では先住民の伝説や逸話にも登場して、すぐそばにある野性なのである。それもそのはず、発祥の地アジアから渡ってきて、320万年前に大山猫の仲間から独立、種として誕生してこの方、北米大陸を離れたことのない、ヒトよりよっぽど古株の先住動物なのだ。

世界最大の猫種登録団体TICAのある審査員（兼遺伝委員）は「ピクシーボブを初めて見たとき、絶対に飼いネコのものではない遺伝子をもっていると思いました」とのたまう。プロも直感するくらいだから、ボブキャットと家猫のハイブリッドに間違いなし、と皆思っていただろう。ところが、いくらピクシーボブの遺伝子検査をしても、ボブキャットの痕跡は出てこない。

それでも誰（?）も信じない（信じたくない）のだろう。世界で最も権威ある猫種登録団体で、ハイブリッドを絶対認めないCFAは、どんなに米国で人気があろうともピクシーボブを猫種として公認しない（ベンガルは2018年に公認）。TICAは遺伝子検査の結果から自然発生の新種として公認している。

生みの親、キャロル・アン・ブリュワー女史も、それで良しとしているのか？　米国では逆に、野生の血だからこそ人気があるのかもしれない。馬をはじめ使役動物の歴史に詳しいタムシン・ピッケラル女史は、北米大陸の太平洋岸北西部にはワイルドな容姿のネコが昔から自然発生していた、とする（生みの親ブリュワーは、このピクシーボブの原種を「レジェンド・キャット（伝説のネコ）」と名づけた）。英国の権威ブルース・フォーグル博士は、「伝説のネコ」こそ、いわゆる農村の「バーン（納屋）・キャット」であり、ハイブリッドに間違いなしとする（ボブキャットは昔から米国の農家の納屋で家猫に言い寄るらしい）。

そう、純血の家猫か、野生ネコとの混血か、それが問題なのだ。

家猫のボンベイ

英名 ― Bombay
起源 ― 現代（1970年代）　原産 ― 米国（ケンタッキー州）
体重 ― 2.5 ～ 5 kg

インドに棲むクロヒョウにちなんでボンベイ（現在のムンバイ）と名づけられた。育種家は、輝く漆黒の毛をもつ完璧なブラックパンサーを目指したという。母体になった原種はバーミーズ（128頁）。セーブル色なので、バーミーズでも最も濃い毛色（茶褐色）だ。それにアメリカンショートヘア（68頁）の黒猫を交配。一番難しかったのは黒毛を際立たせるカッパー（赤銅色）の目だったという。十数年の試行錯誤の末、バーミーズのなめらかな手触りの被毛、カッパーの目をもつ小さなブラックパンサーが誕生した。写真は生後6カ月のメス

撮影者 | Yves Lanceau

家と野生の猫つながり ―― 9

光り輝く漆黒
――ブラックパンサー

世界中の黒猫は突然変異で生まれた1頭の先祖の遺伝子を受け継いでいる。野生の黒猫は16～19種ほどいる

野生のクロヒョウ

英名ー Black Leopard
起源ー 約280万年前　発見ー1758年
体重ー 17〜90 kg

メラニズム(黒色素過多症)のクロヒョウやジャガーでも、豹柄(ロゼット模様)や斑点があり、斜光の下では浮かび上がる(143・183頁)。自然淘汰の野生の世界で、なぜ黒い個体が生まれるかはわかっていない。白いアルビノのようにデメリットはなく、逆にメリットもない。一説では、自然淘汰の圧力の7割は病原体と疾病なので、毛の色を決める遺伝子が免疫系にも働きかけるからとされる。色を司る遺伝子の突然変異が、過去の伝染病に対応した結果という。病気がブラックパンサーを生んだのだ。なお、アグチ遺伝子で黒猫になるのは家猫だけで、クロヒョウの毛を黒くする遺伝子はわかっていない。ジャガーとジャガランディはMC1R(メラノコルチン1受容体)遺伝子の変化である

撮影者 | Gerard Lacz

家猫の毛の色を司る遺伝子は9種類ほど知られており、それぞれ2組ずつの組合せで色柄が決まる。遺伝子がすべて正常(野生型)に働けば、原種のリビアヤマネコのように茶色系で縦縞の入ったキジトラになる。黒猫になるか、ならないかは、A遺伝子(アグチ遺伝子)で決まる。

この遺伝子が機能すると1本1本の毛は、根元から先に向かって黒・茶・黒のまだらになる。ネコの毛の色合いは、主に2種類の色素の配合で決まる。黒メラニン(ユーメラニン)と茶メラニン(フェオメラニン)だ。アグチ遺伝子が損傷(変異)すると、茶色を作らないので、黒メラニンだらけの黒猫になる。

遺伝子のDNA配列で変異が起こっているのだが、世界中の黒猫は皆同じ1種類の変異によるという。つまり、突然変異でたまたま黒猫になった1頭から世界中の黒猫が生まれたことになる。その子孫でもある家猫ボンベイは、小さなクロヒョウを目指して黒毛を固定した猫種だ。

黒い毛になることを野生ネコではメラニズム(黒色素過多症)とか黒化という。38種の野生ネコのうち16種にメラニズムの記録がある。これ以外にピューマ、ウンピョウ、スンダウンピョウに報告例はあるが、物的証拠がない。

キングチーター(164頁)のように斑点が筋状につながるものを偽メラニズムまたはアバンディズムという。これはヒョウにも見られる。ブラックタイガーは存在しないが、極太の縞がつながって、ほとんど真っ黒に見える偽メラニズムのトラは存在する。

野生の黒猫は、ジャングルキャット、マーブルキャット、アジアゴールデンキャット(96頁)、サーバル(148頁)、カラカル、アフリカゴールデンキャット、ジョフロイキャット、タイガーキャット、サザンタイガーキャット、コドコド、パンパスキャット、ボブキャット、ジャガランディ(203頁)、チーター、ヒョウ(143頁)、ジャガー(183頁)で見られる。ブラックチーターは稀で標本が2体あるのみ。

家と野生の猫つながり——10

預言者の奇跡か？ 神の使いか？

太古から神聖な存在として崇められてきた白いネコたち。伝説から遺伝学、保全活動まで総括してみよう

家猫の ターキッシュアンゴラ

英名—Turkish Angora
起源—近世（16世紀）　原産—トルコ
体重—2.5～5 kg

モヘアで有名なアンゴラヤギをはじめ、アンゴラウサギなど、原産地のトルコの首都アンゴラ（現在のアンカラ）には毛の長い動物が多い。一般に毛の長い動物をアンゴラ種と呼ぶ。アンカラ周辺の冬は極寒で、それに適応して長毛化したと考えられている（5頁）。トルコでは数百年前から長毛のネコがいた記録があり、ターキッシュアンゴラは最も古い長毛種ともいわれる。絹のような手触りの体毛が特徴で、動くとその毛は光り輝く

撮影者｜Arco / G. Lacz

野生のホワイトライオン

英名 ― White Lion
起源 ― 約300万〜350万年前
発見 ― 1758年　体重 ― 110〜272㎏

グローバル・ホワイトライオン保護基金が劣悪な環境から救い出して、囲いのある広い土地に放ったホワイトライオンのオス。劣悪な環境とは、人工繁殖させて、赤ちゃんの時は観光客の見世物とし、大人になると狭い囲いの中でハンターに撃ち殺させる。これを缶詰ハンティングという。剥製トロフィー（狩猟戦利品）は米国に、骨は中国などに送られる。解放されて自然の原野を歩くホワイトライオンは十数頭ほどという

撮影地｜南アフリカ（サンボナ野生動物保護区）
撮影者｜Luciano Candisani

古来より白い動物は神聖視されてきたが、ネコもその例に漏れない。最後にして最高の預言者、イスラム教の開祖ムハンマド（570〜632年頃）は、家猫が大好きでターキッシュアンゴラを飼っていた。ムハンマドの服の袖の上でその愛猫が寝てしまったので、起こすに忍びなく袖を切り落とした。目覚めた愛猫が頭を下げて感謝の意を表したので、ムハンマドは7つの生命を吹き込んだという。純白の毛は、ムハンマドが愛猫の額に手を当てたことで生まれた色とされ、トルコでは最高の色となった。

家猫の場合、他の動物のようなアルビノ（白子）は稀で、ほとんどはW遺伝子（ホワイトの「W」）によるもの。色を司る遺伝子の中でも最強で、他の色や柄を決めるどんな遺伝子があっても、W遺伝子をもったネコは必ず全身の毛が白くなる。問題は白ネコに聴覚障害が多いこと。毛の色を決める色素細胞の異常は、毛の成長にも悪影響を与える。耳の中の有毛細胞は、空気振動を電気に変えて音を脳に伝える。その発達にも異常が出て聴覚障害を引き起こす。特に青い目やオッドアイのネコに出やすいという。

野生ネコでは、ホワイトライオンが先住民族から神の使い、太陽神の子どもと崇められてきた。こちらも先天的にメラニン色素が欠乏したアルビノではなく、突然変異によって色素が減少した白変種である。真っ白でなく、体毛はクリーム色。目の色は淡い。世界に500頭ほどいるが、元は数頭をホワイトタイガー（84頁）のように近親交配などで増やしたものなので、障害が多い。

劣悪な環境からホワイトライオンを救い出して囲いのある広い土地で飼育し、いずれ野生に解放するという保護活動が進んでいる。しかし、生物学者は、恐ろしい遺伝子の「パンドラの箱」を野生に開け放つことになると警鐘を鳴らす。

ネコはどこから来たのか

1万年前に農耕を始めた人類のそばに、たまたまいたリビアヤマネコ。
もし、違う小さな野生ネコがそこにいたら家猫の姿形は変わっていた。
そして、ネコ科動物の祖先の姿は、アフリカの孤島に残されていた

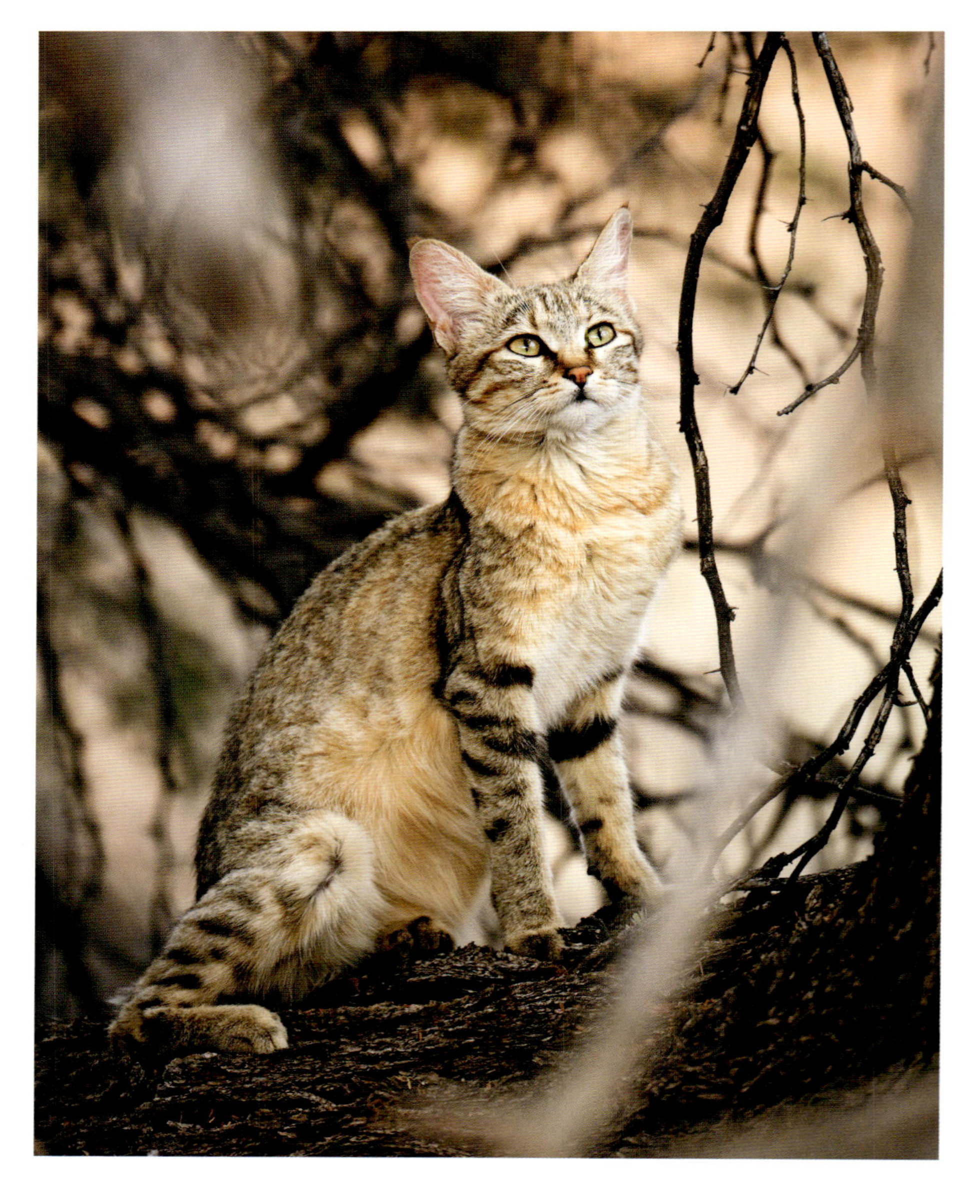

すべてのイエネコの祖先種

リビアヤマネコ

学名― *Felis silvestris lybica*　英名― African Wildcat
発見―1780年　分布―41頁参照　体重―2〜6.4kg

リビアヤマネコと家猫を見分けるには耳の裏側の色を確認する。リビアヤマネコは（特にサハラ砂漠以南の個体の多くは）耳の背面が濃い赤褐色だ。体色は砂灰色から黄褐色で、薄く斑点や縞が入る。サハラ砂漠以南では写真のような前足に特徴的な「アームバンド」が走る

撮影地｜南アフリカ（カラハリ・トランスフロンティア公園）
撮影者｜Richard Du Toit

ネコの共通祖先が生まれたのは、今から1080万年前のアジアで、それから1000万年かけて8つの系統（グループ）、最終的に38種ほどに分かれる。最初は現在のライオンやトラなど大型ネコの祖先であるヒョウ系統が生まれた。イエネコ系統が枝分かれしたのは最後で340万年前。そこからジャングルキャット（118頁）、クロアシネコ（166頁）、スナネコ（170頁）の順に分かれ、最後に家猫を含むヨーロッパヤマネコ（38頁）という種が誕生した。さらに約23万年前に3～5亜種が枝分かれをはじめ、最も新しい枝分かれで、リビアヤマネコから家猫が出現。約1万年前のことだ。

リビアヤマネコの家畜化は、「肥沃な三日月地帯」と呼ばれる西アジアのイランからパレスチナに及ぶ地域で始まった。貯蔵庫の穀物を狙うネズミ対策で飼われたものが長い年月を経て家猫に進化した。古代エジプトの絵画などを分析すると、この頃はまだ現代の家猫よりヨーロッパヤマネコの形態に近いという。家猫はエジプトから世界各地に広がり、ローマ軍に随行して10世紀までにはヨーロッパのほぼ全域に広がった。

ネコ科やイヌ科、クマ科などを含む食肉目の共通祖先ミアキスも、さらにネコ亜目の祖先も、写真のフォッサに似た形態といわれる。胴や尾が長く、足が短く、引き込める鉤爪は樹上生活にも適応。この姿こそネコの祖先的な特徴だ。

すべてのネコの祖先の姿

――ほっそり・胴長・短足・尾長

フォッサ

学名― *Cryptoprocta ferox*　英名― Fossa
発見― 1833年　分布―マダガスカル　体重― 5.5～8.6kg

ネコのような頭部、イヌのような鼻先、クマや人間のように踵をつけゆっくり歩く。木登りが非常にうまく、すばしっこく、ジャンプも得意。尾は体とほぼ同じ長さ。ジャガランディにも似ていて、昔はネコに分類されていた。マダガスカルの食物連鎖の頂点に立つ。写真は赤ちゃん

撮影地｜マダガスカル　撮影者｜ZSSD

1080万年前にアジアで発祥したネコの祖先は、大陸が浮き沈みするなか、
アフリカ大陸と南北アメリカ大陸の間で移動を繰り返す。
1000万年をかけて現在の8つの系統、38種類のネコ科動物に落ち着いた。
ヨーロッパに定住した野生ネコは非常に少なくネコ科全38種のうち、わずか2種。
スペインオオヤマネコとヨーロッパヤマネコである。
ユーラシアオオヤマネコの分布は、北欧からロシア、北アジアが中心となる。
逆にイエネコの純血種は多く、世界の純血種のほとんどは
19世紀のヨーロッパで生み出された。

ドイツの深い森の奥にたたずみ、静かに振り返るユーラシアオオヤマネコ。ヨーロッパの「自然と野生ネコ」を象徴するワンシーンである。広大なバイエルンの森は、神秘的な湿原や澄んだ渓流、氷河湖が豊かな自然環境を形づくっている。が、そこにいるのは太古からの野生ネコではない。なぜならドイツのユーラシアオオヤマネコは19世紀に絶滅しているからだ。そして、この森も森林伐採で荒れ果てた山々を50年近くかけて人の手で再生させたもの。「自然のままに」をかけ声に、今では隣接するチェコのボヘミアの森（シュマバ国立公園）を合わせると、中央ヨーロッパ最大の森林保護地域となった。その再生の森で、再導入された数少ないオオヤマネコたちが生かされているのだ
撮影地｜ドイツ（バイエルン森林国立公園）
撮影者｜Loulou Beavers

ヨーロッパ

耳の下から顎にかけての豊かな頬ひげ。三角のとがり耳の先っぽにピンと立つ黒い飾り毛。4種いるオオヤマネコに共通した特徴だが、古代から連綿と人を魅了しつづけているのは、そこではない。深い知恵をたたえたような表情の中心にある、眼だ。学名であり、英名でもあるlynx［リンクス］とは、もともと古代ギリシャ語のlýnks［リュンクス］が語源で、「（眼の）輝き」を意味し、「light光」にもつながる。英語のlynx-eyed［オオヤマネコの眼をした］とは「鋭い眼光をした」を意味する。ドイツ語でもwie ein Luchs aufpassen［リンクスのように気をつけろ］は「油断なく見張る」を表す。科学的な知見が広まる以前の時代では、単に鋭い眼光の持ち主であるという以上に、オオヤマネコは、もっと超絶的な能力をもつ存在と信じられていた。澁澤龍彦の『プリニウスと怪物たち』などによると、名前が「大山猫の眼をもつ者」を意味するギリシャ神話のリュンケウスは、千里眼の持ち主で木の中を透視できたという。ギリシャのボイオティアに棲むオオヤマネコは、女性の皮膚を透視して体の中の臓器が見えた、と10世紀の修道士が書き記しており、それはサルトルをはじめ、その後の数々の有名な文献にも引用されている。夜の闇に輝くその眼は、神秘的な眼光と考えられていたようだ。ダンテが最も敬愛した師、13世紀のブルネット・ラティーニによれば、木や女体どころか山をも透かし見たという。中世キリスト教の象徴理論では、オオヤマネコはキリストの全知を表し、ルネサンス期の貴族は叡智を象徴するとして紋章にも用いた。このように数千年にわたって人間と深い関わりをもちながら、なぜか西洋文明の中心である西ヨーロッパの地では、絶滅に追い込まれた。日本人が、山の神とも崇めたニホンオオカミを絶滅させたように（地続きのユーラシア大陸とは異なり、島国の日本に逃げ場はなく、英国のオオヤマネコのように完全絶滅してしまったが）。なお、現代の科学実験によると、ユーラシアオオヤマネコは75m先の小さなネズミや300m先のウサギが見えるというから、ヒトの視力が遠く及ばない眼をもっていることだけは確かだ

撮影者 ｜ Klein & Hubert

古代種の面影を色濃く残す
世界最大のオオヤマネコ

オオヤマネコ

ユーラシア

ネコ科動物は、一つの祖先から順に分岐し8つの系統に分かれて現在に至るが、そのうちの5番目として720万年前に分岐したのが、オオヤマネコ系統である。この系統には、4種が分類されており、温帯ユーラシアと北米に生息する。アジアから北米に移動して、約320万年前に1種だけ早くから分岐したのがボブキャット。ユーラシアオオヤマネコは約150万年前にカナダオオヤマネコと枝分かれして、北米からユーラシアへと移動した子孫である。

体毛は、主に無地、斑点柄、薄い豹柄のようなロゼット模様の3種があり、色も銀灰色から赤褐色までさまざまだ。

ユーラシアオオヤマネコは、オオヤマネコ系統の残りの3種（カナダオオヤマネコ、スペインオオヤマネコ、ボブキャット）に比べて2倍ほどの大きさがあり、カルパチア山脈に棲むオスは最大48kgにも達する。獲物も、同じ系統の他の3種がノウサギなどの小型動物を主とするのに対して、ユーラシアオオヤマネコは体重35kgにもなるノロジカを主に捕食する。

生息範囲は広大で、西はノルウェーやスウェーデンのあるスカンジナビア半島から東はロシア東部のカムチャツカ半島まで、ユーラシア大陸に広く連続的に分布する。環境も、温帯林や低木地、半砂漠地帯から雪の多い寒冷地まで、幅広く適応でき、その中を最大で3000㎢に及ぶ領域内を移動しながら生活している。

ユーラシアオオヤマネコは、そのような暮らしに適した身体をもっている。たとえば足は、雪の中で狩りを行いやすいように足先に毛が密生して幅が広い。この足は寒さを防ぐのに有効であるとともに、深い雪の中でも沈まずに動くことを可能にするため、雪の中で動きが不自由になりがちなノロジカやトナカイ、ユキウサギといった動物を狩る上で役立つのだ。また、後ろ足が長く前足が短いのも特徴だが、長い後ろ足は素早く加速して獲物を捕らえるのに適し、短い前足は目の前の獲物を押さえつけるのに威力を発揮する。

広大な範囲に、比較的人間の干渉を受けずに生息できているため、保全状態は良いと考えられている。ロシアだけで3万～4万頭、ヨーロッパには8000頭が生息すると推定される。

1970年代には、ヨーロッパにおいて、ユーラシアオオヤマネコが姿を消してしまった地域に再導入する試みが始まり、その結果、スイス、スロベニア、チェコといった国々では個体数が増加した。ただその一方、再導入によってこのオオヤマネコが森林などに広がっていった結果、家畜のヒツジなどが襲われるケースも増え、農民や畜産業者との間で軋轢も生んでいる。また、ノロジカなどを狩るハンターからは、同じ獲物を狙う競争相手として疎まれ、違法に殺される例も後を絶たないという。

3頭のユーラシアオオヤマネコの赤ちゃん。枯れ葉の中で埋もれるように肩寄せ合い、青い目をきょときょとさせている。赤ちゃんネコ特有の青い目はキトンブルーと呼ばれるが、イエネコだけでなく野生ネコでも一般に見られる。人間の青い目と同じしくみで、子猫の目の光彩（ヒトの白目にあたる部分は隠れている）に色素が少ないことによるものだ。真っ青な印象的な目をもつ種がいる一方、この子たちは少し灰色がかったタイプ。その視線はまだ定まっていない。ユーラシアオオヤマネコの母親は、出産後3週ほどすると、別の巣に移るため子どもを連れ出す。スイスでは3つの巣を利用した例がある。子どもは生後8週ほどで母親の後ろをついて歩き回れるようになる。その時期に母子で巣を捨てる。親の交尾期は2中旬～4月。妊娠期間は67～74日で子どもは5～6月に生まれる。母親は1～4頭、ふつう2頭、ごくまれに5頭の子を産む。子どもは生後11カ月までに独り立ちするが、親元を離れるのは生後16カ月ほどだ。ただし、メスの子は、親元を遠く離れるオスの子に比べると、母親の近くに棲むことが多いという。イエネコの母系家族ほどではないが、メス同士の家族の結びつきは強いようだ。メスの出産は生後2年ほど、オスの繁殖は生後3年ほどかかる。寿命はオス20歳、メス18歳、飼育下25歳なので、イエネコよりもやや長い

撮影者 | Gerard Lacz

倒木越しにジャンプしてカケスに襲いかかるユーラシアオオヤマネコ。カケスは日本にも生息する鳥で、嘴から尾羽の先までの全長が30㎝を少し超えるほど。カラスの仲間としては小型の部類に入る。英名jayの由来になった「ジェーイ」という鳴き声や大きな奇声、鳥の声・物音をまねる、森の中ではちょっと騒がしい鳥である。必死で逃げるカケスの後ろで、オオヤマネコは落ち着いた表情で短い前足の先から爪を出している。ユーラシアオオヤマネコが一番多く食べるのは、下のノロジカだが、獲物が豊富な春から初秋にかけて食べ物が多様化する。小型の獲物が増え、ネズミの仲間やリス、ウサギ類、鳥だとライチョウやオオライチョウなどが多い。写真のように狩り場のほとんどは地上だが、樹上から襲いかかることもある。

撮影地 | ドイツ　撮影者 | blickwinkel / Kaufung

ユーラシアオオヤマネコがノロジカの喉に噛みついている。野生ネコによく見られる狩りの方法で、獲物を窒息死させて効率よく短時間で殺す。本種の体重は30kgほどでカナダオオヤマネコやボブキャットの2倍以上あり、4種のオオヤマネコの中で最も大きい。ノロジカは最大35kg、通常20kgほどで、この中小クラスの有蹄類が主な獲物となる。一方で自分の7倍もあるアカシカ(約220kg)さえ殺すことができる。大型の獲物は背中に飛びつき、そのまま数m乗って倒す。最大80mまで進んで倒したという記録が残っている。このように自分の何倍もある獲物を狩れる能力こそが野生ネコが繁栄した理由のひとつなのである。本種ではノロジカとシベリアノロジカが一番重要な獲物だが、巨大なヘラジカの子どもやイノシシ、野ウサギなども捕食する。冬場の獲物は主にシカだ。冬になるとシカたちは限られたエサ場に集まるので、襲いやすい。その名の通り蹄(ひづめ)のある有蹄類のシカは、細くて硬い蹄が深い雪に埋まってしまう。それに比べ幅広の足先に毛がびっしりと生えたオオヤマネコは、柔らかい雪の上を楽々と移動できるので有利だ。ヨーロッパの冬に適応した、まさに雪上のハンターといえる。狩りは夕暮れをピークに主に夜に行い、獲物が通る獣道のそばなどで待ち伏せて奇襲する。狩りの成功率は高く、有蹄類では5割から8割以上に達する。なお、写真の個体は、体中に明瞭な黒いスポット模様があるタイプだ。イエネコほどではないが、野生ネコも個体によって体色や模様が異なる。ユーラシアオオヤマネコは3〜4タイプに分かれ、上のオオヤマネコはだいたい無地で、腹と後ろ足に明瞭な斑紋がある

撮影地 | ドイツ(テューリンゲン州)　撮影者 | Imagebroker

雪一色の冬になるとオオヤマネコの体毛は厚く、毛色は明るく、幅広の足先は長い毛でおおわれ樏（かんじき）のようになる。温帯林からツンドラ、標高5,000mのヒマラヤや岩だらけの半砂漠のチベット高原まで、多様な環境に適応できる。そのためかつてはヨーロッパ全域に棲んでいた。しかし、森林破壊、人間による迫害などによって、19世紀末には北欧を除くヨーロッパのほとんどの地域から姿を消した。1940年には広大なヨーロッパ全体の生息数はわずか700頭。絶滅したイギリスでオオヤマネコが最後に目撃されたのは、なんと8世紀だ。1970年代からやっとヨーロッパへの再導入の試みが始まって、その個体数はロシアを除いて8,000頭まで回復した。ただし、そのほとんどは北欧やカルパティア山脈、バルト三国で回復した個体群で、西ヨーロッパではいまだに絶滅の危機にある。ロシアには3万～4万頭の同種が生息すると推測されているが、シベリア南部では毛皮を求める密猟者のためその生息数を減らし続けている

撮影地 | ドイツ　撮影者 | blickwinkel / Kaufung

冬の装い。
季節で色が変わる

上｜ 切り株にもたれてドイツの冬の森を睥睨するユーラシアオオヤマネコ。群れで行動する野生ネコはライオンとチーターだけなので、ユーラシアオオヤマネコも単独行動である。つがいでの行動も見られず、子育て時の母子関係だけ。縄張り意識は総じて高く、その境界は雌雄とも尿でマーキングする。行動範囲はメスが最大1,850㎢、オスが最大3,000㎢とオスのほうが広く、オス同士の行動圏は重複する。ただし、縄張り意識をもつのは行動圏の中心部に限られる。26頁のバイエルン森林国立公園では、100㎢あたり平均0.4頭が生息。大人の自然死亡率は低いが、子どもの6割は独り立ちする前に死亡する

撮影地｜ドイツ
撮影者｜Zoonar / Petra Wegner

下｜ すらっとした長い足で、踊るようなユーモラスな歩き方。ユーラシアオオヤマネコの姿形を正しく表した写真だ。いかつい頬ひげ、耳先にピンと立つおしゃれな黒い飾り毛、短い尾の先は真っ黒。しかし、それだけが身体の特徴ではない。この前傾姿勢こそが、オオヤマネコの能力を的確に表す特徴なのだ。前に傾いているのは前足より後ろ足のほうがかなり長いからだ。長い後ろ足は短時間で猛スピードを出して獲物に迫るため。短く力強い前足は接近戦で威力を発揮して、大型の獲物でも捕まえたまま押さえつけることができる。これは4種のオオヤマネコに共通した特徴であり、前傾姿勢は152頁のカラカルの歩き方にも共通する。古代人がオオヤマネコとカラカルを混同したのは、そのあたりが原因なのだろう

撮影地｜ドイツ
撮影者｜Duncan Usher

ユーラシアオオヤマネコの分布

DATA

和名	ユーラシアオオヤマネコ
英名	Eurasian Lynx
学名	*Lynx lynx*
分類	オオヤマネコ系統
保全	IUCNレッドリスト─低懸念（LC）
体重	オス11.7～29kg メス13～21kg
頭胴長	オス76～148cm メス85～130cm
肩高	60～70cm
尾長	12～24cm

スペイン オオヤマネコ

勇壮な顔だけど
世界で一番絶滅に近いネコ

虎ひげを想わせる豪傑感あふれるいかつい頬ひげ。オオヤマネコの仲間でもひときわ目立つスペインオオヤマネコの特徴だ。写真はオスだが、メスにも同じようなひげが生える。耳の下から頬にかけて生え、背面は黒、顎近くの先端では真っ白になる。オオヤマネコは写真だけで種を特定するのが難しい仲間だが、本種は比較的わかりやすい姿形をしている。耳の先でピンと立つ黒い飾り毛も近縁種より印象的。英語でEar tuftと表現され、直訳すると「耳の房毛」になり、耳の中から生えているふさふさした毛と誤解されやすい。イエネコの分野ではlynx tip［リンクスティップ］と呼ばれ、直訳しても「耳の先端」になるのでわかりやすい。実はオオヤマネコほど顕著ではないが、耳先の飾り毛はイエネコでも見られる。代表格は米国のメインクーン（70頁）で、個体差はあるもののノルウェージャンフォレストキャット（47頁）、サイベリアン（46頁）、ペルシャ（4頁）などにも表れ、稀に雑種猫にも生える。ただし、イエネコの大型長毛種とオオヤマネコとの血縁関係はまったくない

撮影地｜スペイン（アンダルシア州）
撮影者｜Roland Seitre

前項のユーラシアオオヤマネコと同じオオヤマネコ系統に属するが、広大な領域に多数の個体が生息する同種に対して、スペインオオヤマネコは、極めて限られた地域に、限られた個体数しか生息しない。スペイン南部、イベリア半島のアンダルシア地方に2つの個体群が残るだけで、個体数も計250頭ほどでしかない。ネコ科の全種の中で最も絶滅の危機に近いともいわれ、IUCNレッドリストでも絶滅危惧種に指定されている。

苦境に陥った理由の一つには、スペインオオヤマネコが極端に偏食で、食物の9割をアナウサギに頼っているという点が挙げられる。年間に必要とするウサギの数は、メス、オスそれぞれ、280頭、380頭近くにも及ぶとされる。そのため、アナウサギが豊富に生息する地域にしか分布できないとともに、アナウサギの生息状況に大きく影響を受けるのである。1950年代には粘液腫症、1980年代には出血病のため、イベリア半島のアナウサギの数は激減した。また、現在このウサギも準絶滅危惧種に指定されている。スペインオオヤマネコも、その影響から逃れられずにいるのだ。

人間の活動によって、このオオヤマネコの元来の生息地であった原生林や地中海沿岸の低木地がイベリア半島から失われつつある影響も少なくない。またスペインオオヤマネコは、成熟すると自分の縄張りを見つけるために親元を離れるが、その際に交通事故に遭って死ぬ例も近年増えているという。

大きさは、同じオオヤマネコ系統のカナダオオヤマネコやボブキャットと同程度で体重はオスで最大16kgほどだ(ユーラシアオオヤマネコの約半分)。

一方、この系統の中では最も斑点が多いことで知られている。他のオオヤマネコは、斑点が不明瞭だったり、なかったりもするのに対して、スペインオオヤマネコは、すべての個体に明瞭な斑点があるという。

この種は基本的に単独で行動し、縄張り意識が強いとされる。縄張りをめぐるスペインオオヤマネコ同士の争いにおいては、時に片方が命を落とすこともあるという。その一方で、メスは、自分の子が大人なった後も親密な交流をもち一緒に暮らしたり、獲物を分け合ったりする例もよく見られるようだ。

2000年代に入って以降は、捕獲して繁殖させるプログラムが複数実施されていて、何十頭もの新たな子がこれらのプログラムによって生まれている。2009年には、そうして生まれた、子どものスペインオオヤマネコが、アンダルシア地方のコルドバ近くの野生に放たれ、生き残って繁殖するなど、効果をあげている。

人間による殺害の減少や生息環境の改善も進み、近年個体数は増加傾向にある。絶滅危惧種からの脱却が期待される。

個性的な風貌をした野生のオオヤマネコが夜の闇を歩いている。模様なしの無地から斑点、薄いロゼット模様(豹柄)など、体色に個体差が激しいオオヤマネコにあって、本種はどの個体も明瞭な黒いスポット模様(斑点)をまとっている。大きさは最大16kgなのでユーラシアオオヤマネコの半分ほど、イエネコ大型種の2倍強。基本的には夜行性だが、日の出前や日の入りすぐの薄暗い時間帯が活動のピークとなる。ただし、涼しい気候や曇り空、雨の日の場合は、日中の行動が活発だ。ところで本種をはじめ、オオヤマネコの耳先にある飾り毛は、どのような役割を果たすのか。定説はないが、これまでの聴力を補完するという説は、ミミズクなどフクロウの頭のてっぺんにある耳のような羽毛、2つの羽角(うかく)が聴力に影響しないことが明らかになったのでやや考えにくい。最近の説は、仲間同士のコミュニケーション能力を高める信号装置。野生ネコは長い尾をコミュニケーションに使っているが、どの種も尾が短いオオヤマネコでは難しい。この説は「仲間に感情を表現する」、写真のような暗闇で「仲間にその存在を示す」というフクロウの羽角の役割のひとつとも共通している

撮影地 | スペイン(アンダルシア州)　撮影者 | Laurent Geslin

好物のアナウサギをくわえてフェンスを飛び越えようとするスペインオオヤマネコ。GPS発信器をつけた1歳のオスである。かつてはスペインとポルトガルの全域、フランスの南部にも分布していたが、今では絶滅に一番近い野生ネコとして、スペイン南部のアンダルシア地方に2つの小さな生息地が残されたのみ。そのひとつがここシエラモレナ山脈の自然公園である。絶滅危機の原因は、人間による迫害と生息地の喪失、そして本種が極端な偏食家であること。ほとんどアナウサギしか食べないからだ。そのアナウサギそのものが準絶滅危惧(NT)に指定されている。八方ふさがりの中1996年に総個体数1,200頭以下、2002年に成熟個体約150頭まで減少し、現在では保護繁殖プログラムにより、やっと成熟個体400頭にまで回復した。ポルトガルにも2014年から再導入されている。保全努力により個体数は増加傾向にあるものの絶滅の危機は続いている

撮影地 | スペイン(アンダルシア州 シエラ・デ・アンドゥハル自然公園)
撮影者 | Pete Oxford

スペイン南部のドニャーナ国立公園は、世界遺産にも登録されたヨーロッパ最大の自然保護区。豊かな自然環境の中に繁殖センターが設置され、スペインオオヤマネコにとって文字通りこの世で「最後の隠れ家」となっている。写真は世話をできなくなった母親の代わりに人が育てているメスの赤ちゃん。垂れた耳の縁にうっすらと黒い毛が生え、この写真ではわかりにくいが、耳先にはすでに飾り毛が立っている。本種の交尾期は1～2月、出産のピークは3月だが、時に4～6月にずれ込む。妊娠期間は63～66日で、2～4頭、平均3頭の子を産む。子どもは生後7～8カ月で独り立ちする。ただし、親元から離れるのは18～20カ月。メスは2歳で繁殖可能になるものの、野生下での出産は3歳を超えてから9歳まで。メスの子育ては過酷で、自分が生き残るだけでも数少ないアナウサギを1日最低1頭仕留める必要があるが、子育て期間は3頭になる。それだけに母子の結びつきは強く、特に娘とは成熟後も互いに協力して子育てをする例が観察されている。寿命は野生で10歳（最長13歳）、飼育下14歳（最長20歳）である

撮影地｜スペイン（アンダルシア州ドニャーナ国立公園）
撮影者｜Pete Oxford

スペインオオヤマネコの分布

DATA

和名	スペインオオヤマネコ
英名	Iberian Lynx
学名	*Lynx pardinus*
分類	オオヤマネコ系統
保全	IUCNレッドリスト―絶滅危惧種：危機（EN）
体重	オス7～15.9kg メス8.7～10kg
頭胴長	オス68.2～82cm メス68.2～75.4cm
肩高	60～70cm
尾長	12.5～16cm

ヨーロッパヤマネコ

リビアヤマネコより がっしりした体格

密生した針葉樹に覆われたシュヴァルツヴァルト。昼なお暗い鬱蒼とした姿から、その名は「黒い森」を意味する。しかし、10月ともなると、このドイツの森も美しい黄葉に包まれる。1本の樹木の幹を器用に登っているのは、ヨーロッパヤマネコの基亜種だ。基亜種とは、最初に名前がついた、もしくは最初に発見された亜種のこと。ひとつの種がいくつかの亜種に分かれるとき、基準の標本として採用されたもので、原名亜種、基準亜種、名義タイプ亜種とも呼ばれる。生物学の基礎が欧米で築かれたこともあり、古くに発見された生物ほど、欧米の研究者が最初に論文に記載したものが基亜種になることも多い。生物の分化の元になった「原種」と勘違いされやすいが、基亜種のヨーロッパヤマネコも、イエネコの祖先であるリビアヤマネコなどの亜種も、同じ地理的な品種のひとつにすぎないのである。基亜種のヨーロッパヤマネコとリビアヤマネコなどの亜種に上下関係はない。なお、基亜種のヨーロッパヤマネコは、かつてドイツ全土に棲んでいたが、今では希少動物に数えられ、保護されている。その生息環境を守るため、生息地となる森林をつなぎ合わせるヤマネコプロジェクトを進めている。総距離2万kmに及ぶ「緑の回廊」だ。ここシュヴァルツヴァルトも2016年にシェーンブーフ自然公園と結ばれた。これらの自然保護活動により、生息地の状況が改善され、ドイツには5,000〜7,000頭が生息しているという

撮影地｜ドイツ(バーデン=ヴュルテンベルク州 シュヴァルツヴァルト)
撮影者｜Klaus Echle

上｜26頁で紹介したドイツの美しい森が雪に覆われている。楽しげに歩いているように見えるが、ヨーロッパヤマネコはそんなに寒さや雪に強いわけではない。身を隠す場所さえあれば、人の手が加わった環境でも問題なく暮らせるものの、深い雪の中の移動は苦手だ。あまりに寒いと、標高の低い場所へ移動したりするし、一年中深い雪に覆われ地域には棲まない。見かけはがっしりして、下毛はあっても、イエネコの長毛大型種や野生のマヌルネコ（103頁）と比べて被毛は貧弱だ。大きさは最大でも8kgほどで、サイベリアン（46頁）やメインクーン（70頁）と変わらない。小さい個体は2kgほどしかなく、小さな日本のイエネコ並み。キジトラのような縞模様が体に垂直に走っているのが特徴とされるが、これはイエネコでもよく見られるもの。足に入った水平の縞、尾の黒い輪状の縞などが区別するのに役立つくらいか。顎と胸は白くて尾先は黒。鼻先はピンク色だ

撮影地｜ドイツ（バイエルン森林国立公園）　撮影者｜Marcus Siebert

下｜岸辺からヨーロッパトノサマガエルを襲って、見事に逃げられた瞬間。ヨーロッパヤマネコは、木登りだけでなく、泳ぎも上手だ。こんな水場ならためらいなく追いかける。もちろんネコなので、ネズミがごちそうだ。ハツカネズミ、大型ネズミにハムスターなども好物。ネズミが少なく、ウサギが多ければ、ウサギを食べる。スコットランド東部では、ウサギが獲物の70%を占める。小さなトカゲやヘビなどの爬虫類、両生類、魚類など、食べ物には適応力が高く、雑食性だ。狩りは主に夜から夕暮れ、明け方だが、環境に応じて柔軟に行動を変えることができるのも強み

撮影地｜フランス　撮影者｜Gerard Lacz

ヨーロッパヤマネコは、広くユーラシア、アフリカ、ヨーロッパに生息する、比較的ありふれた野生ネコだ。

ネコ科の共通祖先から最後に分岐したイエネコ系統に含まれ、生物学的にはイエネコと同じ種にあたる。亜種として、基亜種ヨーロッパヤマネコ、リビアヤマネコ、ステップヤマネコの3亜種あり、そのうち、リビアヤマネコが家畜化されたのがイエネコなのである。それゆえヨーロッパヤマネコは、外見はイエネコによく似ている。ただし、イエネコよりやや大きく、がっしりした体型をしている。

3亜種の形態的な違いとしては、基亜種ヨーロッパヤマネコは体毛が全体的に灰褐色で、顎と胸が白いのが特徴。リビアヤマネコは灰色から黄褐色の地にぼんやりとした斑点や筋をもつ。そしてステップヤマネコは、黄色がかった灰色や褐色の体毛に黒い斑点がある、といった具合である。ただし個体差がかなり大きいようだ。

生息環境は幅広い。湿度の高い密林や砂漠内部、雪の多い場所は避けるが、それ以外であれば、身を隠す場所さえあればほとんどあらゆる環境に生息できる。標高も3000m程度までは生息可能だ。

食べ物に関しても適応力が高い。主に小型のげっ歯類を捕食するものの、ウサギが多いところではウサギ中心になり、環境によっては、鳥類、トカゲやヘビなどの爬虫類、カエルなど両生類、昆虫、果物、魚などを捕まえて食べる。獲物を見つけると静かに距離を詰めてから飛びかかったり、高くジャンプして襲いかかったりする。げっ歯類の場合、巣穴のそばで待ち伏せることもある。

様々な環境に適応できるだけあって、ヨーロッパヤマネコは人間の存在にも寛容である。その結果、約1万年前、後に「肥沃な三日月地帯」と呼ばれる中東の地域で農業が発達し、ネズミの駆除が必要になると、人間は、その地域のヤマネコ、すなわちリビアヤマネコにその役割を与えて近くに置いた。それがイエネコの起源だといわれている。

ヨーロッパヤマネコは今も、生息地が人間によって農地に転換されたりすると、その場所にげっ歯類が増え、その恩恵に浴すると考えられている。ただその一方で、このヤマネコはイエネコと交雑が可能なため、どんどん交雑が進んでしまい、純粋なヨーロッパヤマネコが減っていくという皮肉な状況も同時に生じている。そしてそれがヨーロッパヤマネコにとっては最も大きな脅威となっているという。

スコットランドは、イエネコとの交雑による純粋なヨーロッパヤマネコの減少が特に著しく、絶滅も危ぶまれる。それゆえ、とりわけ状況が深刻な地方では、放浪する野良ネコや、農場で放し飼いにされているネコを捕らえて駆除する、ということも行われている。

大地を赤紫に彩るヘザーの群落から鋭いまなざしを投げかけるヤマネコ。「ハイランドタイガー」の異名をもつ。スコットランドのハイランド地方にあるケアンゴームズ国立公園、この英国最大の国立公園には多くの野生生物が生息し、古代からの自生樹林、壮大な滝、広大な森が広がり、英国最高峰の山々がそびえ立つ。ハイランド地方は、基亜種ヨーロッパヤマネコが生息する北限としても知られ、この地に棲む同種は一般的にも、専門家にも、スコットランドヤマネコと呼ばれている。ベンガルヤマネコ(110頁)の亜種であるアムールヤマネコ(114頁)を、日本では親しみをこめて生息地名のツシマヤマネコ(117頁)と呼ぶのと同じである。写真のヘザーは、和名をギョリュウモドキというツツジの仲間。膝ほどの高さの藪になって大地を這い、夏に可憐な釣鐘状の花をつける。スコットランドヤマネコは、このような藪や茂みで獲物を狙う。その時の表情が写真の相貌だ。イエネコのキジトラの顔模様のように、目をアイラインが縁取り、目の上端からクレオパトララインが水平に流れ、額にはM字模様が刻まれている。それ以上に、顔にくっきりと浮かぶ複雑な縞模様は、歌舞伎の隈取(くまどり)をも連想させる(逆の白い模様は95頁)

撮影地 | 英国(スコットランドケアンゴームズ国立公園)
撮影者 | Pete Cairns

鮮やかな青いキトンブルーの瞳が愛らしいスコットランドヤマネコの赤ちゃん。小さいながら体にも顔にも明瞭な縞模様がくっきりと浮かび上がっている。実はこの北限のヤマネコたちは、絶滅寸前なのである。野生個体は400頭しか残っていないとされ、専門家によってはわずか35頭前後。原因はイエネコとの交雑で、純血種がほとんどいなくなっているのだ。ヤマネコは野生ネコ特有の模様、耳裏の白い虎耳状斑（34頁の右耳）もなく、見た目で簡単に区別がつかない。だから、交雑現場を目撃しても止められない。ただ数年前にスコットランドヤマネコに特徴的なDNAパターンを研究者たちが見つけたので、遺伝子検査をすれば同定（同種か、イエネコか、そのハイブリッドかの区別）はできるようにはなった。家猫、野良猫の去勢手術とワクチン接種を行う大規模プロジェクトも始まっている。地域によっては300頭の去勢で、東京都の1.5倍にも及ぶ安全な生息地が確保できるという。なお、スコットランドヤマネコの出産は年に1回で、交尾期は主に1～3月、妊娠期間は約55日、ふつう2～4頭の子を4～5月に産む。子どもは生後5週ほどで巣穴から出て、10週までに狩りを始め、生後6カ月までに独り立ちする。メスは生後12カ月、オスは9カ月ほどで繁殖可能となる。飼育下の寿命は15年ほどだが、野生での平均寿命は2～8年と考えられている

撮影地｜英国（スコットランド）　撮影者｜David Shale

ヨーロッパヤマネコの分布

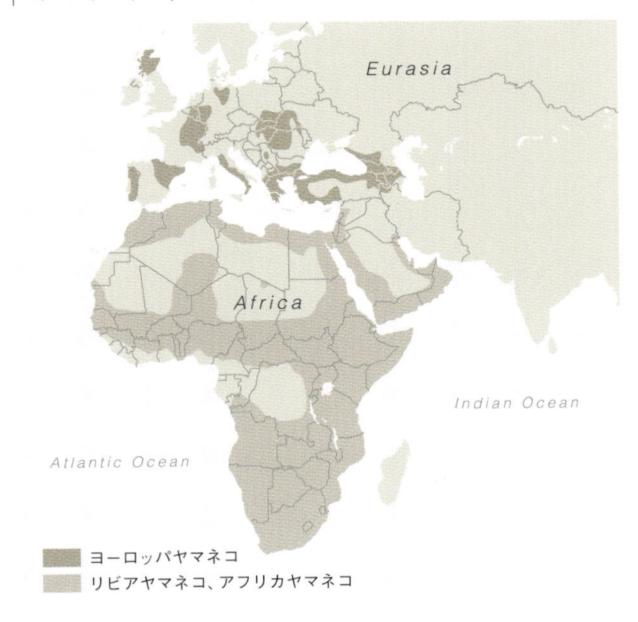

注：リビアヤマネコと同じ亜種とみなされていたアフリカヤマネコを別の亜種とし、ハイイロネコを加えて5つの亜種に分類することも多い。イエネコは6番目の亜種とされるが、ハイイロネコとともに独立した種と主張する専門家もいる

DATA

和名	ヨーロッパヤマネコ
英名	Wild Cat
学名	*Felis silvestris*
分類	イエネコ系統
保全	IUCNレッドリスト—種全体としては「低懸念（LC）」だが、主にヨーロッパに生息する亜種は、イエネコとの交雑で絶滅のおそれがある
体重	オス2～7.7kg メス2～5.8kg
頭胴長	オス44～75cm メス40.6～64cm
肩高	30～36cm
尾長	21.5～37.5cm

ヨーロッパゆかりのイエネコ

イエネコのほとんどの猫種は、
19世紀のブリテン諸島で誕生した。
しかし、1960年代以降、
そのメインストリームは米国に流れを変える

英国の古代イエネコ3種

ブリティッシュショートヘア

英名— British Shorthair
起源— 古代　原産— 英国　体重— 4～6.5kg

丸顔で目も丸い。頬が大きく、その顔はいつも笑っているよう。ルイス・キャロルの『不思議の国のアリス』に登場するチェシャ猫は、この猫がモデルといわれる。体はがっしり力強く骨太。先が丸い尾は中くらいの長さ。毛色は「青みがかった灰色」を意味する「ブルー」が代表色で、さまざまな色がある。古代ローマ時代にローマ軍が猫を海外遠征に伴い、イタリアのショートヘアがヨーロッパ中に広がり、英国にも上陸。古代ローマの猫を祖先にもつ英国で最古の種のひとつ。第一次大戦で激減したためペルシャと交配。第二次大戦で再び絶滅の危機になり、シャルトリュー、バーミーズ、ロシアンブルーと交配。細身になったので再びペルシャと交配して本来の体型に近づいた

撮影者｜Colin Seddon

英国マン島の尻尾のない古代種

上｜ マンクス

英名— Manx
起源—古代　原産—英国　体重—3〜5.5kg

グレートブリテン島とアイルランドの間に浮かぶ小さなマン島に生まれたので、マンクスという。尾がないか、ほとんどないのが特徴。起源はさまざまな伝説に彩られている。ノアの箱舟に最後に飛び乗ったのがマンクスで、ノアが扉を焦って閉めて、尾を切ってしまったとか。ボブテイルで有名な日本から船で連れてこられたという逸話もある。マン島に突然変異で無尾の猫が生まれ、孤島で長い歳月を経て定着したとの説が有力。似た姿形からブリティッシュショートヘアと同じ祖先をもつと考えられている

撮影者｜Arco / G. Lacz

下｜ キムリック

英名— Cymric
起源—古代　原産—英国　体重—3〜5.5kg

マンクスの長毛種で、キムリックはウェールズ語で「ウェールズの」を意味する。1930年代にペルシャと交配されたが、そのかなり前から長毛のキムリックは存在していた。マンクスともに、高く跳べる野生ネコのように後ろ足が前足より長い。「マンクスホップ」と呼ばれるウサギが跳びはねるような走り方をするので、生物学的にあり得ないが、19世紀にはウサギと猫の雑種ではないか、ともされた。ジャンプ力はイエネコでトップクラス。品種としては北米原産で、猫種登録団体のTICAは公認しているが、英国やCFAは公認していない

撮影者｜Marc Henrie / DK

中世を起源とする ブルーの美猫たち

ロシアンブルー

英名 ― Russian Blue
起源 ― 中世　原産 ― ロシア　体重 ― 3～5.5kg

名前の通り、体色は「青みがかった灰色」のブルーのみ。ロシア皇帝に愛された自然発生種である。ロシア北部の白海に面した港町アルハンゲリスクで生まれ、数百年もの間、原野で暮らしていたという。ベルベッドの手触り、毛先がシルバーのように光沢がある。その美しい被毛から、毛皮狩りにもあって一層知性を高めたとされる。まん丸の緑色の目はエメラルドの輝きを放つ。飼い主に甘える姿から「犬のような猫」とも評される。ロシアから英国に渡り世界的な品種と認められた。第一・二次大戦で激減したため、ブルーポイントのシャムと交配させて、ほっそりした体型に。ブルーポイントとは、顔、脚、耳、尾など体の末端部のみブルーで、それ以外は白色やクリーム色の体色を指す。なお、英国での品種名はロシアンで、ロシアンブルーだけでなく、ロシアンブラックとロシアンホワイトの黒と白の毛色も認められている

撮影者｜marinuse - (wild) life

ネコは多くの家畜動物のように序列のある群れをつくらないし、密集して生活もしない。おまけに肉食の孤独なハンターでヒトの命令もほとんど聞かない。こんな家畜向きではない野生動物が人間の身近な存在になったのは、お互いに非常にメリットが大きかったからだ。

時は約1万年前、人類が農耕を始めた頃。ペルシャ湾と地中海東部にはさまれた肥沃な三日月地帯で両者は出会う。穀物倉庫を荒らすハツカネズミに悩む人類を救ったのが、そのあたりに棲んでいたリビアヤマネコ。ヒトがカワイイと思う顔や容姿だったのも大きかった。

新石器時代の幕開けとともに、ヨーロッパヤマネコの亜種リビアヤマネコからイエネコが新たな亜種として枝分かれを始める。

イエネコは中東を発祥の地として、各地に分散してゆく。特に農作物や他の家畜動物と一緒にナイル川流域のエジプトに伝わって、初めて完全にペット化される。そこからローマ帝国の拡大とともに、ローマ軍のネズミ対策係として従軍しながらヨーロッパ全土に広がった。このとき主に活躍したのがブリティッシュショートヘア（42頁）の祖先だとする説もある。ギリシャで2500年前、イギリスで2100年前、ドイツで2000年前に生息していたとの確かな記録がある。ヨーロッパに満遍なく行き渡ったのは1000年ほど前だ。

実はローマ軍がイギリスに到達するのは紀元前55年なのだが、それ以前にイエネコがいた記録がある。一説では紀元前1550年から同300年頃まで、幅広い海上貿易をしていたフェニキア人の船がもたらしたという。船のネズミ対策は必須だったので、イエネコたちは船旅でも世界各地に運ばれた。

ヨーロッパの古代種の一つが、イエネコ最大級のサイベリアン(46頁)で、ロシア中央部で進化した。ノルウェージャンフォレストキャット(47頁)とともに、極寒の地で大型化、長毛化した自然発生種とされる(5頁)。イギリスの小さな島、マン島には尾のない古代種マンクス(および長毛種のキムリック、43頁)が誕生した。しかし、その祖先はフェニキア人がもたらしたか、9世紀にバイキングに連れてこられたという説がある。

ヨーロッパ原産ではないが、十字軍(1095〜1272年頃)の騎士がトルコのバン湖周辺から持ち帰ったターキッシュバン(177頁)も、大陸からイギリスまで広がった古代種である。

中世になると、フランスに美しいブルーのシャルトリューが現れる。この猫は、毛皮用に修道院で繁殖されたものともいわれる。同じ頃、ロシアの港町にロシアンブルーが自然発生するが、こちらもブルーの毛皮を狙った狩猟が行われていた。ロシアンブルーが海を渡ってイギリスに至るには、19世紀を待たねばならない。

シャルトリュー

英名— Chartreux
起源—中世　原産—フランス　体重—4〜6.5kg

ロシアンブルーと同じく体色は単色で無地、青みがかった灰色のみ。この2種とコラット(124頁)で世界の三大ブルーキャットと呼ばれる。18世紀初頭の文献に、その美しい毛皮をとるためにフランスで飼育、とある。出自も名前の由来も謎が多い。18世紀のスペイン製ウールの名に由来するとか、十字軍が北アフリカから連れ帰ってシャルトリューズなどアルプスの修道院で飼ったとか。孤立したアルプスの山中で長い年月をかけて形づくられた。第二次大戦後、存続のためにロシアンブルーやブリティッシュショートヘア、ペルシャと交配している。がっしりした丸いジャガイモのような体に、爪楊枝のような細い足がついて、そのユーモラスな体型が逆に魅力という

撮影者 | J.-L. Klein and M.-L. Hubert

極寒の地で長毛、大型に進化したイエネコたち

サイベリアン

英名ー Siberian
起源ー古代　原産ーロシア　体重ー4.5～12kg

イエネコとしてメインクーンと並び最大級。同じ長毛・大型のノルウェージャンフォレストキャットにも似るが、見分けるポイントは鼻筋。よく見るとノルウェージャンは真っ直ぐで気品がある。サイベリアンやネヴァマスカレードの鼻筋は途中でわずかに凹み、ぷっくりした鼻づらや口元とあいまって、愛嬌のある顔立ちとなっている。古くから極寒の地のシベリアで育まれたのは確かで、ロシア帝国のピョートル大帝の娘がネズミ退治用に取り寄せた猫を先祖とする説がある。成長が遅く、生後5年で大人になる

撮影者｜Ramona Richter

上 | ノルウェージャンフォレストキャット

英名— Norwegian Forest Cat
起源—古代　原産—ノルウェー　体重— 4〜7kg

目尻の上がったアーモンド型の大きな目が魅力的。名前のごとく古代からノルウェーの森に棲む。北国の大型長毛種だが、ロシアのサイベリアン、米国のメインクーンよりは小さい。しかし、極寒に耐える分厚い被毛は豊か。密生した下毛を撥水効果の高いオーバーコートの上毛が覆う。少し腰高で歩く姿は優雅で気品がある。現地ではスコグカット（森の猫）と呼ばれ、北欧神話に登場する猫も、バイキングが結婚式当日に花嫁に贈った猫も、本種とされる。長毛11種の遺伝子調査では、本種のみ独自に発生したようだ

撮影者 | Elisa Putti

下 | ネヴァマスカレード

英名— Neva Masquerade
起源—現代（1980年代）　原産—ロシア　体重— 6〜9kg

ロシアのプーチン大統領が秋田犬のお返しに、秋田県知事に贈った猫がネヴァマスカレードである。サイベリアンのカラーポイントで、顔や耳、足先、尾など末端のみ濃い色で、それ以外は白かクリーム色。シールポイントが一般的で、最近では黒もある。シールとはアザラシで、濃茶色のこと。ただし、目の色は青色に限る。名前は猫種が誕生したサンクトペテルブルクを流れるネヴァ川にちなみ、マスカレード（仮面舞踏会）は、この川近くの裕福な住民たちによる仮装パーティに由来する。サイベリアンにシャムやバーマンを交配

撮影者 | Ramona Richter

上｜ジャーマンレックス

英名ー German Rex
起源ー近代（1940年代） 原産ードイツ
体重ー2.5～4.5kg

歴史ある猫種であるものの、あまりにコーニッシュレックスに近いため現在ではFIFe（仏）のみの公認品種である。ドイツ本国でも稀な存在になっている。1951年、第二次大戦で荒廃したベルリンの病院の庭で見いだされた。その縮れ毛の黒猫はローズ・シェイアー・カルピン博士に「小さな羊」と名づけられた。病院の職員は1947年から見かけたという。繁殖の過程の何年間かにコーニッシュが含まれ、同じ遺伝子をもってしまったが、カールしたヒゲが短いことがコーニッシュと異なる

撮影者｜J.-L. Klein and M.-L. Hubert

下｜ウラルレックス

英名ー Ural Rex
起源ー現代（1980年代） 原産ーロシア
体重ー3.5～6kg

まだ知名度は低いが、ドイツなどでは人気がある。ロシア中部のアジア寄りの都市、エカテリンブルグ近郊で生まれた。名前は、街がウラル山脈の東側斜面に位置し、ウラル地域の中心地であることにちなむ。1940年代には存在を知られていたが、繁殖が始まったのが1980年代、1994年に最初の元猫が生まれている。2006年に猫種登録団体WCFに公認された。左頁のコーニッシュやデボンのレックス種に比べるとがっしりとして大きい。短毛からセミロングの中毛の巻き毛が魅力的で、性格はおとなしく人懐こい

撮影者｜Tierfotoagentur / R. Richter

近代に誕生した ウサギという名の巻き毛４種

上 | コーニッシュレックス

英名 — Cornish Rex
起源 — 近代（1950年）　原産 — 英国　体重 — 2.5〜4 kg

足も胴も細くて長くスレンダーな体。動くとエレガントな雰囲気を漂わせる。さざ波のようなとも評される巻き毛は、尾の先からヒゲまで縮れている。最初に「レックス」と命名された巻き毛を代表する猫。下のデボン、74頁のセルカークと、同じようにレックスの名がついても、それぞれの猫種に血縁はない。レックスとは「レッキス（Rex）」という突然変異で巻き毛が現れるウサギの品種名に由来する名だ。コーニッシュは生まれ故郷、イギリス南西部に位置する「コーンウォール地方の」を意味する

撮影者 | Fedir Shulenok

下 | デボンレックス

英名 — Devon Rex
起源 — 近代（1959年）　原産 — 英国　体重 — 2.5〜4.5kg

その名は、上のコーニッシュが生まれた隣、英国のデボン州で生まれたのにちなむ。同じレックスの名称を使っているが、異なる遺伝子なのは証明されている。愛くるしい性格と細やかに波打つ巻き毛の様子から「プードル・キャット」の愛称で呼ばれる。しかし、美的には少しも似ていない。もうひとつの異名、「エイリアン・キャット」に納得する。ハリウッドの大作SF映画によく登場するためだが、採用されるだけのSF的なユニークな外見を備える。異星から舞い降りてきたような愛らしい姿。巻き毛にしてはひげが短いのが特徴

撮影者 | kukuruxa

現代社会が生み出した無毛・薄毛のイエネコたち

ドンスフィンクス

英名— Don Sphynx
起源—現代（1986年）　原産—ロシア　体重—2.5～4kg

珍しく猫種の登録団体によって名前が異なる。スフィンクス（78頁）と血統が異なることを強調するため、別名をドンスコイ（Donskoy）という。登録名ではないが、ドンヘアレス、ロシアンヘアレスと呼ぶ育種家もいる。スフィンクスにはうっすらと毛が生えているのに対し、本種は生まれつき無毛の「ラバーボールド」、触ると起毛がある「フロックド」、次第に抜け落ちる「ベロア」、大部分が巻き毛で覆われる「ブラッシュ」の4タイプがいる。体に深いしわが刻まれ、眉間の縦じわが目の上で横じわとつながるのが特徴。生まれはロシアのロストフ州。子猫をずた袋に入れ、子どもたちがサッカーボールのように蹴っていた。思いやりのあるエレーナ・コバレワが、そのサビ猫を救ったことで新しい猫種が誕生する。しばらくすると全身の毛が抜け始めたのだ。それは病気ではなく、元気な子孫を残したという。ドン川のほとりで救われ、当時無毛の代表種だったスフィンクスの名にちなんで、ドンスフィンクスと名づけられた

撮影者｜dien

魔女狩りで受難の時を過ごしたヨーロッパのイエネコたちも、18世紀の後半になると暗黒時代は終わる。ドブネズミ退治と猫のきれい好きが功を奏して猫人気は不動のものとなる。19世紀にはロシアンブルーやアビシニアンなどの外国産の猫種がやってきて、人気は急上昇する。

純血種と呼ばれる猫にも関心が高まり、1871年には世界初のキャット・ショーがロンドンで開かれる。毛の色や長さ、体型といった猫を審査する基準「スタンダード」も初めて明文化された。1910年には英国にGCCF、1949年にはフランスにFIFeが設立され、国際的にも影響力のある猫種登録団体が機能し始める。

2度の世界大戦により、多くの猫種が絶滅に瀕した。戦後に種を再生するため、さらには既存種の色柄を増やしたり、姿形を改良するため、異種交配が繰り返された。シャムからカラーポイントやオリエンタル（127頁）などの新猫種が生まれた。世界から集められた原種や古代種といっても、欧米人の好みや、その嗜好性の変化、新種開発により、その姿形は時代とともに変わってゆく。

50〜60年代には突然変異で自然発生したコーニッシュレックスやデボンレックスなどの巻き毛を定着させることに成功した（49頁）。この頃から遺伝学への理解も深まり、遺伝子の突然変異が新しい猫種誕生の鍵になるようになった。突然変異のスコティッシュフォールド（147頁）の折れ耳を定着させたのも遺伝学者だった。しかし、同時にさまざまな先天性の疾患をもって生まれる新種が増えていくことにもなった。

犬をはじめ家畜の耳が垂れるのは、無理な品種改良の結果ではない。家畜化症候群（147頁）によるものだ。耳が垂れ、尾が丸まり、牙が小さくなるなど形態の変化が自然発生する（神経堤仮説という）。しかし、自ら進んで自己家畜化したイエネコにはまだあまり起きていないのだ。

80年代以降になると、自然発生した無毛のドンスフィンクスやピーターボールドがロシアで誕生した。

イエネコの原種は欧米だけでなく、アジアからアフリカまで幅広く分布するが、その多くを品種として確立させたのはヨーロッパが中心であり、現在のイエネコの品種の大半は19世紀のイギリス（ブリテン諸島）で誕生したともいわれている（現代種は米国が多い）。それゆえ、本書では品種の「作出国」ではなく、なるべく原種の「産地」別に分けている。

世界のイエネコは6億頭（犬の3倍）に達しているものの、純血種と呼ばれるのは、そのわずか2%にすぎない。98%は血統のわからないイエネコだ。しかし、20世紀から21世紀にかけて純血種の数は止まることなく、増加し続けている。

ドンスフィンクス×
オリエンタル（シャム系）

ピーターボールド

英名— Peterbald
起源—現代（1990年代）　原産—ロシア
体重—3〜4kg

ロシアのサンクトペテルブルクで右頁のドンスフィンクス（ドンスコイ）とシャム系のオリエンタル（127頁）を交配させて誕生した。ドンスフィンクスのように毛のタイプで分かれる。無毛種は、完全無毛の「ウルトラボールド」、90%無毛の「フロックド」、70%無毛の「ベロア」の3タイプ。有毛種は針金のような毛（ワイヤーヘア）が全身に密に生えた「ブラッシュ」タイプ。スレンダーな体つき、鞭のように細くて長い尾をもつ。名前はサンクト「ペテル」ブルク（St.「Peter」sburg）で生まれた無毛「bald」の造語

撮影者 | Seregraff

ネコ

北米の野生ネコは、ヨーロッパに次いで少ない。
ピューマ、カナダオオヤマネコ、ボブキャットのわずか3種。
約1万2000年前、最後の氷河期が終わり、氷床が解けて大洪水が発生した。
北米では哺乳類の40種、大型動物の75%がいっせいに絶滅(人類過剰殺戮説もある)。
ネコの仲間ではアメリカライオン、サーベルタイガー、ピューマ、チーターが姿を消した。
チーターの多くはアフリカに、ピューマの多くが南米に避難して絶滅を逃れた。
ヨーロッパと同様にイエネコの純血種は多い。
特に1960年代以降、遺伝学の発達に伴って現代種は北米の独壇場となった。

峡谷の岩の上に立つ未成熟の若い野生ネコ。北米の学者はピューマと呼び、一般名称としてはクーガー、マウンテンライオンなどがよく使われる。呼び名は40以上もあり、世界で最も通称の多い動物のひとつである。最初にライオンと呼んだのは15世紀、この新大陸を発見したコロンブス。南米の一般名称はピューマだが、ライオンという意味で今でも中南米のスペイン語圏ではエレオン(león)、ポルトガル語圏のブラジルではレオア(leão)とも呼ぶ。ピューマは17世紀の文書に初めて登場し、インカ帝国の王族の血を引くスペイン系の年代記作家が現地の「インディアンはライオンをピューマと呼ぶ」と記している。クーガーの名の由来は、南米の先住民トゥピ族のグアラニー語の「偽の鹿」。17世紀にドイツの博物学者ゲオルク・マルクグラーフが誤記して、それを18世紀のフランスの博物学者ビュフォン(190頁)が縮めてクーガーとしたもの。パンサーは、一様な色(uniform color)のネコの総称で、必ずしもブラックパンサーのようにヒョウだけを表す言葉ではない(141頁)。ピューマもそのひとつであり、59頁のフロリダパンサーのように使われる。なお、pumaは英国英語では「ピューマ」だが、米国英語では「プーマ」と発音する

撮影地 | 米国(ユタ州モニュメント・バレー)
撮影者 | Jurgen and Christine Sohns

ピューマ

空飛ぶネコの秘密は
強靭な下半身にあり

まずは太もも、後ろ足の大腿筋(だいたいきん)を見てほしい。おそろしく太い。たたずむ姿は、まるで大相撲の力士が立合いで仕切り線に両手を着けたよう。四つ足なのに前足が腕のように細く見える。写真ではわかりにくいが、大型野生ネコに比べると足は異常に長い。ヒョウほどもある巨体で軽々とジャンプできるのは、足の長さと後ろ足の太さなどによると考えられている。大きさは大型野生ネコに近くても、体のつくりは小型野生ネコそのもの。哺乳類最速のチーターと同じ仲間で、ごつい頭部も、発達した恐ろしい前足ももたない。だから逆に両種とも驚異的な能力をもっているのかもしれない。その大きさは、生息分布の北端と南端が大きく、熱帯地域のおよそ2倍の重さ。ペルーのオスはわずか30kg弱なのに、カナダやチリでは65〜85kgに達する。メスの大きさはオスの半分ほどだ。伝説の巨大ピューマは、1958年の狩猟雑誌に掲載された170kg。もう少し確かな報告は、1917年に殺されたアリゾナのピューマで125kg(腸を取り除いた状態)。これは米国の生物学的調査のお墨付きがある

撮影地｜米国　撮影者｜Andy Rouse

ネコ科動物の8つの系統のうち、ピューマを含むピューマ系統が共通祖先から分岐したのは、670万年前のことと推定されている。そこから、ピューマ、ジャガランディ、チーターの3種に分かれて現在に至ることがDNAの分析によって明らかになった。

ジャガランディはひときわ小柄で他の2種とは外見も異なり(ネコというより、イタチやカワウソにも似て見える)、チーターは、他の2種がアメリカ大陸固有である中、アフリカ大陸に生息するといった違いはあるが、3種はいずれも、すらりとしたスリムな体、小さな頭、長い尾という共通した特徴をもつ。

その中で最も体が大きいのがピューマである。特に大きいものだと体長は2m近くにもなる。ただしライオンやトラなどの大型ネコとは異なり、がっしりした肩や胸、筋肉質の前足をもたない。吠えることができない、という点でも他の大型ネコとは一線を画す。

北米カナダの南西部から中米を経て南米チリの南端近くまで、ほぼ連続的に分布し、高緯度から低緯度までの様々な環境に適応できる。岩場や植生がある場所であれば、山地、砂漠、森林、草原などを問わず生きられる。

食べるものも、大小の哺乳類や鳥類、爬虫類、魚類、さらには山羊や牛といった家畜など、生息環境に合わせて幅広いが、最も主となる食べ物は、中型から大型の哺乳類だ。北米ではシロオジカやミュールジカといったシカ類が中心で、南米では、ノウサギ、アルマジロ、カピバラ、グアナコ(ラクダ科の中型哺乳類)などが中心となる。

得意な木登りや泳ぎも狩りに生かすが、何よりも武器となるのは、哺乳類一とされるジャンプ力だ。6mの高さまで跳んだという記録もあり、樹上の獲物や少し遠方の獲物にも一気に距離を詰めて仕留めることができるのである。

基本的な性質はおとなしく、不必要に攻撃をしかけてくることはないという。人間に襲いかかったりすることも極めて稀だ(1890年からの120年の間に襲われて死んだ人間は20人ほど)。

ただ、縄張りの意識は強く、縄張りを巡ってピューマ同士で激しく争うことは少なくない。その結果、オスのピューマは、相手がオスかメスか、大人か子どもかを問わず殺すことがある。そういった殺し合いがピューマの主な死因にもなっているという。

一方、アメリカ南東部のフロリダ州には、他から孤立した200頭規模の個体群がいる。湿地や松林に住んでいるものの、近年、交通量の多い高速道路を横切ろうとして車にひかれて死ぬケースが多発しているという。現状ピューマは、保全状況に大きな懸念はないとされるが、人口の増加や人間の様々な活動が今後脅威となっていく可能性はあるだろう。

なぜピューマは飛ぶのか？
飛べるのか？

はたしてピューマのジャンプ力はいかほどか。科学的な計測記録ではなく、狩猟家の話を生物学者が引用しているせいか、伝説の記録は各種ある。日本の図鑑でも垂直に5mとか5.5m跳び上がれるとしている。野生ネコの権威、メル・サンクイスト博士もピューマの驚異的な能力として、ハンターの話を引用。切り立つ断崖に20フィートも跳び上がった、と。6.096mの垂直ジャンプなので、今のところこれが最高記録になるのかもしれない。もう少ししっかりした報告では、メスのピューマが高さ2mの灌木（メスキート）の茂みを飛び越え、空中でコンドルを捕らえたという。こちらのとても空想では思いつかない具体性に真実味を感じる（59頁の写真解説を参照）

撮影地｜米国　撮影者｜Andy Rouse

北の国のマウンテンライオン

バランサーとして重要なので、敏捷で素早く跳んだり跳ねたりする動物の尾は立派だ。地上最速のチーター(158頁)も、樹々の間を駆け巡る小型野生ネコのマーゲイ(190頁)も、このピューマも、筒状の長い尾をもつ。写真のようにピューマの尾先は黒い。ピューマは、高跳びだけでなく、幅跳びも伝説の記録保持者だ。日本で出版されている図鑑でも、助走ありで1回のジャンプで10〜13mとか、12m近く跳べるとし、なかには助走なしで2回のジャンプで20mくらい跳べるとする記述もある。狩猟家の話として、イヌに追いかけられて下り坂を30フィート(約9m)と40フィート(約12m)の2度を跳んだ、とサンクイスト博士は記述している。合わせて21mほどだ。助走しながら12〜13mは跳べるものの、助走なしで、しかも2回連続20mの幅跳びは、やはり難しそうだ

撮影地｜米国(モンタナ州)　撮影者｜Dennis Fast

大人は無地、子どもはブチ柄

ライオンのメスのようにピューマの体毛は、淡い褐色系の無地。長く密生した冬毛は淡い灰色になり、熱帯地方では鮮やかなレンガ色の個体が多くなる。その子どもたちは、写真のように見事なブチ柄。138頁の子ライオンのロゼット模様(薄い豹柄)とは、まったく違う。白ブチの子鹿のバンビを反転させたような濃い褐色のスポット模様が入っている。古代の祖先の種にブチ柄がいた証拠だとか、子鹿のように外敵を欺く迷彩としてカムフラージュに役立つともいわれる。ブチ柄は生まれつきで、胴だけでなく、頭や足にもある。ふつう生後6カ月でほとんど目立たなくなり、9〜12カ月までには消えるが、大人になっても残っている個体が稀に見られる。特にお公家さんの眉化粧のように入る目の上の縦長の斑点は、薄くはなるものの、ほとんどの大人にも残っている。なお、米国にはブラックピューマの発見伝説があまたあるものの、生物学的には否定されている。完全なメラニズム(黒色素過多症)は存在しない。ただし、非常に濃い赤褐色、レッドピューマとも呼べそうな個体がコスタリカのグアナカステで殺されたという記録が残っている

撮影地｜米国(ユタ州)　撮影者｜Kevin Schafer

南国の森のピューマ

フロリダ半島の南端の沼地や湿地に「フロリダパンサー」と呼ばれるピューマが生息している（パンサーの名称は53・141頁の写真解説を参照のこと）。20世紀初頭までに、そのほとんどは姿を消し、絶滅したと思われていた。1967年に米国の絶滅危惧種に指定され、1973年に1頭が発見されると、その後35頭ほどが確認された。数々の保護活動によって、現在では成熟個体約230頭とその子どもたちにまで回復。今ではフロリダ州で最も有名な野生動物のひとつとなっている。冬が厳しい地域でのピューマの出産は4〜9月に限定されるが、温暖な地では一年を通して繁殖する。一般にピューマの妊娠期間は平均92日（82〜98日）、ふつう1〜4頭、平均2〜3頭、稀に6頭の子を産む（母親の乳首は3対6個）。生後2週で目を開き、7〜8週で活発に動き回る。離乳は生後2〜3カ月。生後15カ月（10〜21カ月）ほどで独り立ちするが、若いメスは可能な限り母親のそばで暮らそうとする。血縁関係のあるメスだけで集団を作ることもある。性成熟は雌雄とも約18カ月だが、初産は2歳半（生後19〜37カ月）ほどになる。飼育下の寿命は19〜20歳で、カリフォルニア州の長期調査によると、野生下の平均寿命はメス7.5歳、オス6.5歳だった。ただし、ワシントン州で捕獲された野生の個体で17歳の記録が残っている。フロリダ州では、死因の4割を占める交通事故をなくすため、長さ64kmにわたって幹線道路を高さ約2.8mの金網フェンスで完全に囲い、38本の地下道を作った。このフロリダ野生生物回廊プロジェクトによって、多くのピューマが救われている。しかし、もし通説のようにピューマが5〜6mもの垂直ジャンプが可能なら（56頁参照）、このフェンスを軽々と飛び越えられそうでもあるが、そのような死亡事故は起きていないという

撮影地｜米国（フロリダ州）　撮影者｜LYNN M. STONE

ピューマの分布

DATA

和名	ピューマ
英名	Puma
学名	*Puma concolor*
分類	ピューマ系統
保全	IUCNレッドリスト—低懸念（LC）
体重	オス39〜80kg メス22.7〜57kg
頭胴長	オス107〜168cm メス95〜141cm
肩高	オス70cm、メス60cm
尾長	57〜92cm

カナダオオヤマネコ

「かんじき」のような足で
雪上を楽々歩ける

大きな顔に太い胴体、太い足、のように見える。実際のカナダオオヤマネコの頭は小さく、胴も足も、実はほっそりして長い。厚い毛におおわれて着ぐるみのようになっているだけ。写真は冬毛なので、よりがっしりした体つきに見える。冬の体色は明るい灰色。春夏には茶色っぽくなる。ユーラシアオオヤマネコ(33頁下)のように、前足に比べ後ろ足はかなり長い。でも、その体の大きさは、半分ほど。オスは平均10.7kg、メスは8.9kg、最大で17kg。最小は大きなイエネコレベルの5～6kg。体は小ぶりだが、足先は大きく、雪上を歩く道具「かんじき」そのもの。足跡は白人男性の手のひらほどもあり、次に紹介するボブキャットの2倍。雪深い環境に適応して、人間の指のように、足の指を広げることができるようになったからだ。食べ物はアナウサギしか食べないスペインオオヤマネコ(34頁)ほどの偏食ではないが、大半はカンジキウサギ。このウサギ、名前のように後ろの足先が巨大である。オオヤマネコと同じく、雪上を走っても沈まない。ウサギにしては短い耳の先に、黒い毛まで生やしている。ウサギとネコ。敵味方なのに、なぜか似たとこだらけ。冬には雪のような白い毛皮をまとい、英名もスノーシュー(雪ぐつ、西洋かんじき)というウサギ。同名のイエネコ(77頁上)の足のように、春夏は茶色い体に足先だけ、白い靴下を履いたようになる

撮影地｜米国(アラスカ州)
撮影者｜Michael Quinton

オオヤマネコ系統4種の中で北米大陸に生息する2種のうちの一つがこのカナダオオヤマネコだ。もう一方のボブキャットとは、関係が遠いことがわかっていて、逆に、遠く離れたユーラシアオオヤマネコと同種とも考えられたが、こちらも、約150万年前に枝分かれしたことが後に明らかになっている。

主にアメリカ北部、カナダ、アラスカの針葉樹林帯に暮らす。雪が深い中でも狩りをするため、体はそれに適した作りになっている。足が長く、全体的にひょろ長な体形で特に後ろ足の長さが際立つが、それによって雪の中で走ったり跳んだりすることが容易にできる。また足の指は、人間の手の指のように長く、開くため、足の裏面を大きく広げられる。すると足はかんじき（靴などの裏につけて表面積を広くし、雪の上で歩きやすくするための道具）のようになり、柔らかい雪の上でも機敏に動けるのだ。

そしてその足の特性を活用してカナダオオヤマネコが狙う最大の獲物が、カンジキウサギである。季節や生息地域によっても異なるが、摂取する食料全体の9割をカンジキウサギが占めるほど、依存度が高い（同じオオヤマネコ系統のスペインオオヤマネコも、同様にウサギの偏食傾向が顕著だ）。そのため、カナダオオヤマネコの分布はカンジキウサギの分布域と重なっている。個体数の増減も、カンジキウサギと密接に関係しているという。

このオオヤマネコは以前からその良質な毛皮のために人間に狙われ、狩猟の対象になってきたが、その取引を独占的に行っていたイギリスのハドソン湾会社の統計によって、カンジキウサギが増えるとオオヤマネコも増えていることが明らかになったのである。カンジキウサギは、おそらく気候の変化を原因としておよそ10年ごとに増減を繰り返している。その変化を追うように、カナダオオヤマネコも増減しているのだ。

行動範囲も、カンジキウサギが豊富な時期には、各個体が比較的狭い領域を独占的に行動する形をとるが、このウサギが少なくなると、それぞれ広い範囲を重なり合うようにして行動するようになるという。カンジキウサギ以外の獲物を求めざるを得ないからであろう。

基本的には単独で行動するが、ウサギが少ない時期などには、数頭が協力して狩りをするケースも見られる。また、メスが成長した娘と行動をともにし、一緒に狩りをするなど親密な関係を築くこともある。このような母娘の関係は、スペインオオヤマネコにも見られ、ネコ科の動物の中ではとりわけこれらのオオヤマネコに特徴的なことであるようだ。

ただ一方、スペインオオヤマネコが絶滅の危機に瀕しているのに対して、カナダオオヤマネコの保全状況は良好である。カナダ全体に広範に分布し、個体数が減少している兆候もないという。

毛皮目的で毎年1万頭以上が捕獲されている

2頭のカナダオオヤマネコの赤ちゃんが鮮やかなキトンブルーのつぶらな瞳で、木の洞（うろ）からそっと覗き見る。獲物のカンジキウサギが少なかった年なのだろう。2頭しかいない。母親は5月〜7月上旬にふつう4〜5頭の子を産む。最大で8頭の子を産んだ記録が残っているほど。しかしカンジキウサギが少ないと、1〜2頭に減ってしまう。3〜5月に交尾し、妊娠期間は63〜70日。子どもは10〜17カ月で独り立ちする。メスの性成熟は早く、生後10カ月。ウサギが豊富な年は、この月齢でも出産するが、ふつうは22〜23カ月。オスの性成熟はもっと遅く18カ月前後かかり、実際の交尾は生後2〜3年弱ほど待たなければならない。母親と成長した娘の結びつきは非常に強くて、イエネコの野良のように親密な交流が生涯続くこともある。残念ながら毎年合法的に1万〜1万5000頭が罠猟で捕獲され、毛皮にされている

撮影地｜北米　撮影者｜Konrad Wothe

カナダオオヤマネコの分布

DATA

和名	カナダオオヤマネコ
英名	Canada Lynx
学名	*Lynx canadensis*
分類	オオヤマネコ系統
保全	IUCNレッドリスト—低懸念（LC）
体重	オス6.3〜17.3kg メス5〜11.8kg
頭胴長	オス73.7〜107cm メス76.2〜96.5cm
肩高	55〜65cm
尾長	5〜12.7cm

ボブキャット

自分の10倍以上もある大きな獲物を仕留める

生息地の北限となるカナダ南部の平地から、塔状の岩がひとつ。にゅっと突き出ている。その頂上にいきなり駆け上がり、ゆっくりとあたりを見まわす。体を隠せる密生した茂みやデコボコした土地が好きなので、落ち着かないのだろう。いきなりジャンプして飛び降りようとするボブキャット。大山猫の仲間なのに、唯一オオヤマネコ(英語でリンクス)とは呼ばない。仲間の名に倣(なら)うとアメリカオオヤマネコと呼びたいところだが、なぜかボブキャット。bobcatはbob-tailed catの略で「非常に尾の短いネコ」とか「尾を短く切ったネコ」の意味。体の割に確かに尾は短いが、オス14.8㎝、メス13.7㎝が平均。いずれも尾が短い4種のオオヤマネコのうち、この種だけ特に短いわけではない。イエネコのようなポンポン尻尾の野生ネコは存在しないのだ(19·122頁)。古い文献を紐解くと、名前の由来には異説がある。ボブキャットの全速で走る様子が、ウサギの走り方に似ているとか。英語のボブには断尾や断髪のほか、「上下にひょこひょこ動く」という意味もあって、ウサギのbobbing motion「上下にピョンピョン跳ねながら走る様子」がその由来だという。先住民族のオオヤマネコ神話を題材にしたクロード·レヴィ=ストロースの名作『大山猫の物語』があるように、本種は米国文化にも深く根づいた野生ネコだ。リンクス、ボブキャットどころか、米国では本種のことを単に、ワイルドキャットと呼ぶ

撮影地｜カナダ南部　　撮影者｜Konrad Wothe

見かけによらず、木登り上手

写真のようにボブキャットは木登りが上手だ。イヌから逃れるため瞬く間に上ったり、逆にリスを樹上で追ったりする。進んで川や湖、海に入ることは稀だが、浅瀬で魚を捕らえたり、水面の水鳥を襲うこともある。産卵のために川を遡上してきたサケ、自分の体長ほどもある大きな魚を咥えて引き揚げたり、体長1mもあるサメ（ニューファンドランドヒラガシラ）を海から引き揚げる姿が映像や写真に残されている（サメは食べなかった）。とはいっても狩りのほとんどは夜の地上である。自分の10倍以上あるシカや体重68kgのオジロジカを殺した記録が残されているが、獲物の大半は5kg以下の脊椎動物。そのほとんどがカンジキウサギなどのウサギ類である。小さな獲物は首や頭に噛みついて殺し、大きな獲物は喉に噛みついて窒息させる。家畜を襲うこともあるが、大きな被害を与えたという記録はほとんどない

撮影地 | 米国（イリノイ州）　撮影者 | Larry Michael

北米に生息し、前項のカナダオオヤマネコとよく似ているもう一つのオオヤマネコ系統の種がこのボブキャットだ。以前はカナダオオヤマネコの「南方型」にすぎないとも考えられていたが、オオヤマネコ系統の祖先から最初に分岐したのがボブキャットで320万年前。カナダオオヤマネコが生まれたのはずっと後の150万年前で、その後に分岐したユーラシアオオヤマネコに近い。つまり、別種であることが判明しているのだ。

　この2種の主な違いとしては、ボブキャットの尾が、上面に濃い縞があって下面が白いのに対して、カナダオオヤマネコの尾は逆に縞がなくて先端が黒いこと、また、ボブキャットの足先がカナダオオヤマネコに比べて半分くらいの大きさしかないといった点が挙げられる。さらに、ボブキャットは体毛に概ねはっきりとした斑点があるのに対して、カナダオオヤマネコは目立った斑点がなく無地に近いという点も異なっている。

　これらの特徴は、生息する環境の違いと関係があるのだろう。カナダオオヤマネコは、前項にも書いたように雪がある環境で生きていくのに適した特徴をもっている。逆にボブキャットの身体は、雪深い地や寒冷地には適さないため、この種は降雪地には生息しない。しかしそれ以外の環境であれば、森林、草原、山地、平原、海岸、沼地、半砂漠など、かなり幅広く適応できる。それゆえに個体数もとても多く、北米に生息するネコ科在来種で最多であるという。

　あらゆる環境に適応できるだけあって、ボブキャットは、アグレッシブなハンターでもある。主に食べるのはウサギ類だが、大きなシカを狩ることも少なくない。自分自身の10倍以上の体重のシカも倒せるという。その他、リスやネズミといったげっ歯類、鳥類や爬虫類、両生類、魚など、ほぼどんな動物でも捕食する。さらには羊、山羊、子豚といった家畜も襲うことがある。

　ちなみにボブキャットは耳が良く、動物が立てるほんの小さな物音も察知できる。しかし逆にその性質を利用して、猟師は微かな音が出る罠を用意してボブキャットをおびき寄せるようだ。

　また、ボブキャットは縄張り意識が強いことでも知られている。基本的に単独で行動し、尿をかけたり地面をひっかいたりすることで自らの縄張りを明示する。各個体は、それらの行為によって他の個体が独占的に利用することを定めた土地ついては尊重し合う。ただその周辺には、複数の個体がともに重複して利用する広い行動圏が広がっている。

　行動圏の広さは、場所や季節によって大幅に変化する。たとえば高緯度で気候が厳しいところでは獲物の密度が低いために行動圏は大きくなる。逆に気候が穏やかで獲物が多いところでは行動圏は小さくなるといった具合である。

深い雪の中での狩りは苦手

ミネトンカ湖に沿ってひっそりとたたずむウッドランドの町に新緑の季節が来た。500人に満たない、この小さな町の住民は、野生生物と自然環境をこよなく愛している。美しい湖畔の森の倒木。その上で腰を少しかがめ、くっと前を見つめるボブキャット。その表情からも、この地ならではの安心感が伝わってくる。ボブキャットは、人間の迫害さえなければ、森や草原、湿地、砂漠から都市の近くまで、多様な環境で生き抜くことができるのだ。学名 rufus は「赤い」を意味するが、写真の個体はまさにそのとおり。でも体毛の色模様や体の大きさは、地域や個体によってかなり違う。北方にいくほど色は明るく、体も大きくなる。本種はオオヤマネコの仲間で一番小さいと指摘する文献もある。確かにユーラシアオオヤマネコの半分しかないカナダヤマネコと比べても、本種は総じて小さく、背も低い。しかし、北限に棲むオスの一部では、カナダオオヤマネコのオスより40%も大きい個体が存在する。他の3種との違いのひとつは、オオヤマネコのトレードマークである耳先の黒い飾り毛が目立たないか、まったくない個体もいること。もうひとつは、尾の上面に3～6本の黒い縞があり、下面が真っ白であること。そしてメラニズム（黒色素過多症）と呼ばれる皮膚や体毛が黒く見える個体が発現する唯一のオオヤマネコであることだ

撮影地 | 米国（ミネソタ州ウッドランド）
撮影者 | Jurgen and Christine Sohns

保護に最も成功した野生ネコ

ボブキャットは子沢山である。一度にたくさん産むし、生涯に産む数もオオヤマネコの中では極端に多い。ふつう2～4頭、多ければ6頭の子を一度に産む。環境が良ければ1年に2度出産するメスもいる。生涯に産む数は18～30頭に達する。一年中繁殖できるが、交尾期は12月から7月。出産のピークは春から夏にかけて。妊娠期間は62～70日。岩の隙間や洞窟、木の洞（ほら）、ビーバーの巣、空き家の下などを巣穴にして出産する。出生時の体重は150～340gで、体調の良い子の体重は毎日10g以上増える。生後9～18日で目を開く。子どもは生後5週ほどで巣から出て走り回るようになる。離乳は2～3カ月ほど。生後3～5カ月になると、巣から出て母親の後をついて歩くが、生後2カ月までは頻繁に巣を変えることもある。子育ては母親のみで、オス親は育児には参加しないものの、他のオスから家族を守る様子が観察されている。生後8～10カ月で独り立ちし、9～24カ月で親元を離れる。メスは生後9～12カ月で性成熟し、2年目までに出産を始める。6～8年以上にわたって毎年繁殖し、繁殖能力そのものは死ぬまであるようだ。歯の分析結果によると、野生での寿命は最長23年、飼育下では32.2年。野生で16歳を超えることは稀で、発信器をつけたメスや捕獲例での寿命は12～13歳が多かった。2010年の分析によると、米国内の個体数は235万～357万頭と推定されている。ボブキャットの毛皮で仕立てたコートは、驚くほど高額な値がつくこともある高級品。そのため、トラバサミなどの残酷な罠猟で、毎年約5万頭が合法的に殺されている

撮影地｜北米　　撮影者｜Tim Fitzharris

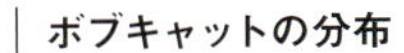

ボブキャットの分布

DATA

和名	ボブキャット
英名	Bobcat
学名	*Lynx rufus*
分類	オオヤマネコ系統
保全	IUCNレッドリスト―低懸念（LC）
体重	オス4.5～18.3kg メス3.6～15.7kg
頭胴長	オス60.3～105cm メス50.8～95.2cm
肩高	45～58cm
尾長	9～19.8cm

のイエネコ

ブリティッシュショートヘアは
大西洋を渡って
この2種になった

アメリカンショートヘア

英名— American Shorthair
起源—近世　原産—米国　体重—3.5〜6.5kg

横に広がった丸顔にがっしりした体躯。大きな背中が力強い。ご機嫌な口元が人を引きつける。米国を代表する猫種であり、日本でも根強い人気がある。日本人は何でも縮めるのが好きなので「アメショー」と呼び、意味性を大事にする英語圏では、働き者であることから「マウサー(ネズミ捕り)」と称される。1620年、メイフラワー号に乗ってやってきた英国の清教徒(ピューリタン)たち。彼らが連れてきたブリティッシュ(ヨーロピアン)・ショートヘアの末裔といわれてきた。2015年、京都大学ウイルス研究所の宮沢孝幸准教授らの研究チームは、過去にイエネコが感染したレトロウイルスの痕跡をたどることによって、それを証明した

撮影者 | Jean-Michel Labat

北米ゆかり

突然変異の人為的な操作など遺伝技術を身につけたヒトは、
エキゾチックな野生ネコをイエネコで実現するようになる

アメリカンショートヘア×ペルシャ

エキゾチックショートヘア

英名ー Exotic Shorthair
起源ー現代（1967年） 原産ー米国 体重ー3.5～7kg

どう見ても、毛の短いペルシャのようだが、そうではない。アメリカンショートヘアが元になっている。ペルシャの美しいシルバーの被毛、グリーンの鮮やかな目をアメショーにもたらすためにペルシャの血を取り入れた。しかし、上向きの鼻、ふっくらとして豊かな頬、前方に傾く小さな耳は離れている。そう、右頁のアメショーにはほど遠く、4頁のペルシャを見ると、その血統を感じてしまう。ペルシャの血は強いのかもしれない。どうしてもアメショーの容姿には近づかず、この姿になった。この姿にこそ魅力があると思ったCFA審査員ジェーン・マーティンクの奔走と熱意から皆に認められて今に至る

撮影者 | Arco / G. Lacz

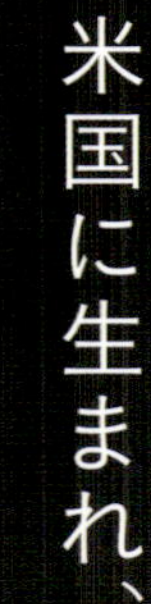

米国に生まれ、米国が生み出した世界に誇る大型長毛2種

米国のイエネコは、入植者が持ち込んだもので、ピューリタン（清教徒）を乗せて1620年に到着したメイフラワー号にも同乗していたとの記録がある。2015年、京都大学の研究グループは、アメリカンショートヘア（68頁）とアメリカンカール（76頁）の祖先がヨーロピアンショートヘア（1982年までブリティッシュショートヘアと同グループに分類、42頁）であると証明した。過去に感染したレトロウイルスの痕跡からイエネコの移動経路と猫種の起源の一部を解明したのだ。

19世紀になると、秋に農産物・家畜品評会が行われ、その中でキャット・ショーが開かれたが、登場する猫の多くはメインクーンだった。1895年には初の大規模なキャット・ショーが開催され、1906年には純粋な血統を重んじるCFAが設立された。現在、世界最大級の愛猫家協会となっている。

ヨーロッパと同じく2度の世界大戦で多くの猫種が絶滅寸前に追い込まれた。種を再興するための異種交配により、アビシニアンの長毛種のソマリ（174頁）やシャムの長毛種バリニーズ（126頁）が生まれた。アジアの古代種の血を引くタイ（127頁）、バーミーズ（128頁）、ハバナブラウン（130頁）は、米国の育種家が特定の特徴を生み出すために作出した近代猫種である。50年代に野生ネコを模したボンベイが登場し、それ以降、野性味あふれる新種開発が主流となる。

メインクーン

英名ー Maine coon
起源ー中世～近世　原産ー米国
体重ー 4～10kg

ギネスブックの巨大猫の競い合いで、メインクーン以外のイエネコを見たことがない。体長120㎝、体重15kgを超える細かな数値で毎年競い合っている。「穏やかな巨人」の愛称で知られる、このメインクーンがきっと一番巨大なイエネコなのだろう。胴がすごく長いだけでなく、胸も広い。耳先には大山猫のようなリンクスティップと呼ばれる飾り毛が立つ。「メイン」は出生地のメイン州だからわかるとして、「クーン」がふさふさした長い尾のアライグマ（ラクーン）で、その混血説まである。この手の話は枚挙に暇がないが、アンゴラ（22頁）祖先説が有力だとか。写真は生後9カ月のオス。若猫なのに目に威厳がある

撮影者｜Yves Lanceau

ラグドール

英名 — Ragdoll
起源 — 現代（1963年）　原産 — 米国（カリフォルニア州）
体重 — 4.5〜9kg

メインクーンのように傑出した超巨大猫は出現しないけれど、ラグドールは皆どっしりと重い。猫種の中で最大級とも称される。ラグ（rag）は「使い古した布」、ドール（doll）は「人形」のことなので、ラグドールは「（布製の）縫いぐるみ人形」を意味する。抱っこしても、だらりと体を預ける様子から名づけられた。ただし、かなり重い。ラグドールは元々、登録商標だっただけに、その起源には謎が多い（125頁のバーマンの血が流れるとの説がある）。当初はフランチャイズ化され、育種家が繁殖してラグドールの名を使って販売するとロイヤリティが発生していた。現在では多くの有力な猫種登録団体に登録され、そのような制限はなくなっている。写真は生後4カ月の子ども。本種にペルシャやヒマラヤンなどを交配して、類似種のラガマフィンが誕生した

撮影者｜Colin Seddon

60年代以降は、遺伝学の進歩により、毛の色柄の改良技術が進み、異種交配や突然変異の人為的操作によって新種開発が加速される。野生ネコの美しい容姿とイエネコの賢く穏やかな性質の両立を目指すようになる。野生ネコとの異種交配によりベンガル（7・9・121頁）とチャウシー（120頁）が誕生した。逆にイエネコ同士の交配だけで、オセロットを彷彿とさせるオシキャット（11頁）の開発に成功した。

60年代は、突然変異のメカニズムの解明が進み、育種家や遺伝学者たちは、ほぼ望み通りに特徴の発現や定着が可能となった。突然変異を定着させたものに、巻き毛のアメリカンワイヤーヘア（72頁）、無毛のスフィンクス（78頁）などがある。

この時代には、シャムとバーミーズとの慎重な計画交配によりトンキニーズ（129頁）が生み出された。逆に偶発的に生まれた猫種もいる。ラグドールとスノーシュー（77頁）だ。たまたま生まれた珍しい特徴をもつイエネコを見つけ、育種家がこだわりをもって特性を磨くように計画的な交配を行い誕生した。

狩猟や救助など目的に応じて品種改良された犬と異なり、長く愛玩動物として品種改良されたイエネコの遺伝学的研究は、他の動物よりも早くから進められた。特に毛については、色柄、長さを含めてわずか10個ほどの遺伝子で決まることがわかっている。

ヒゲで見分ける 個性派巻き毛３種

アメリカンワイヤーヘア

英名ー American Wirehair
起源ー現代（1966年）
原産ー米国（ニューヨーク州）　体重ー 3.5～6kg

1966年、米国ニューヨーク州の農場で両親は短毛、兄弟姉妹は直毛の中、むくつけきアダムは生まれた。全身が縮れ毛だけでなく、長いヒゲも巻いていた。その性格は、写真の厳めしさとはほど遠く、アメリカンショートヘアの血統が色濃く流れているので、穏やかで子どもにもとても寛容だ。名前の通りワイヤー（針金）のような毛が全身を覆っている。１本１本の毛が縮れ、先端がカギ状になって金たわしのように粗い。しかし、密生した被毛の肌触りは柔らかく弾力がある。類い希な縮れ毛で数の少ない希少種。なおかつ写真のようなカールした長いヒゲをもつ子は珍重される

撮影者｜アフロ

上 | ライコイ

英名 — Lykoi
起源 — 現代（2012年） 原産 — 米国（テネシー州） 体重 — 2〜4.5 kg

ギリシャ語の命名でLykoiと綴り、学名読みするとリュコイとなるが、ライコイが正しい呼び名という。意味はオオカミ。目のまわりや鼻づら、口元、耳などが無毛で、足の毛もまばら。狼より狼男を連想させる。しかし、この猫種の特徴はそれだけではない。全猫種で唯一無二の、ローンと呼ばれる葦毛（あしげ）であること。元は馬の毛色名で、白と黒の毛が密に入り交じり、白毛が多いほどより銀色になる

撮影者 | Jaroslaw Kurek

下 | ラパーマ

英名 — La Perm
起源 — 現代（1982年） 原産 — 米国（オレゴン州） 体重 — 3〜5 kg

1982年のオレゴン州に肌まるだしの毛のない子が生まれ、生後2カ月半ほどで、なんと綿のような毛が生え始めて美しい巻き毛になったという（今は生まれつき縮れている）。名前は、ゆるいパーマをかけたような巻き毛に由来する。La（ラ）は、先住民のチヌーク族が新しい名前を作る時にフランス語の定冠詞を使った伝統だ。長い首のラフ（襟毛）の巻き毛が一番きつく、かつ一番美しい

撮影者 | Linn Currie

スリランカ生まれ、アメリカ育ち。柔らかなレックス（巻き毛）をもつ

1970年代以降、急速に発達した遺伝子解析により、自然に反した計画交配や極端な品種改良が進んだ。野生動物の保護に使われる人工授精などの人為繁殖技術が、イエネコにも使われている。

野生ネコのサーバルとイエネコとの交配で生まれたサバンナ（15頁）は、第4〜5世代までオスは繁殖できない。一方80年代に開発が始まったトイガー（17頁）や90年代以降のセレンゲティ（15頁）には、直接的に野生ネコの血は入っていない。

80年代以降で、イエネコ同士の異種交配による新しい猫種としては、ロシアンブルーの長毛種であるネベロング（77頁）、ラグドールの新たな特性を目指すラガマフィンがいる。巻き毛や縮れ毛のセルカークレックスやラパーマ、反り耳のアメリカンカール、短い足のマンチカン、いずれも突然変異により自然発生した。野生ネコのボブキャットにそっくりのピクシーボブ（19頁）も自然発生種で、片足7本指が認められる唯一の猫種だ。

79年に創設された猫種登録団体TICAは、ベンガルなど新しい猫種をいち早く公認して実験的な試みを促進することで、猫種開発の世界をリードしている。

一方、イエネコの種としての保存を目的にハイブリッドを公認してこなかったCFA。2016年にその方針を変え、大人気種のベンガルを準備的に公認し、2018年5月に正式公認した。

セルカークレックス

英名— Selkirk Rex
起源—現代（1987年）　原産—米国（モンタナ州）
体重— 3.5～7kg

ふてぶてしさ満載だが、まだ1歳の若猫。迫力あり。ペルシャの巻き毛タイプといっていい。モンタナ州の保護施設から巻き毛の子猫をもらい受けた育種家ジェリ・ニューマンがペルシャをこよなく愛していたからだ。名前の由来はタムシン・ピッケラル以外皆、生まれ故郷近くのセルカーク山脈と断定する。でも、ニューマンの継父の名字「セルカーク」に、巻き毛を表す「レックス」(49頁)の語をつけ加えたとする、ピッケラル女史説のほうが楽しい。本書は後者のマスオさん説をとる。米国の波平さんも、きっと山脈の名をいただいたのだろうし。育種の初期にアメリカンショートヘアとブリティッシュショートヘア、その後ペルシャとエキゾチックを交配させたとされる

撮影者｜Yves Lanceau

反り耳２種

上｜アメリカンカール

英名－ American Curl
起源－現代（1981年）　原産－米国（カリフォルニア州）　体重－3～5kg

生まれたときはまっすぐで、生後4カ月半でこの耳になる。軟骨の変形を固定した品種は、関節の病気を発症しやすいといわれる。しかし、スコティッシュフォールド（147頁）のように、耳が前に伏せる折れ耳に障害が出て、耳が後ろに反り返るカール耳だと、なぜか障害が出ないのだ。1989年、遺伝学者のロイ・ロビンソンは遺伝学会誌『Journal Heredity』に発表した。383頭の耳が反り返ったアメリカンカールは、1頭たりとも異常を示すことはなかった、と。衝撃的だったらしい。なお、本種もブリティッシュショートヘアの末裔である（68頁）

撮影者｜Evannovostro

下｜ハイランドリンクス

英名－ Highland Lynx
起源－現代（1990年代）　原産－米国　体重－4.5～11kg

日本で編纂されたイエネコのガイド本やイエネコのWebサイトでは、ハイランドリンクスが改名されて、ハイランダー（Highlander）になったという。しかし、本家の米国では別種とされ、ハイランダーには「野生種の血は入っていない」と明言（DK社の『The Cat Encyclopedia』より）。ハイランドリンクスにはオオヤマネコ（64頁のボブキャットと思われる）とジャングルキャット（118頁）の血が入っているとされる。猫種登録団体のTICAで公認されているのはハイランダーで、ハイランドリンクスは品種としては認められていない。両種とも、アメリカンカールの血は入っている。写真は子猫

撮影者｜SUSAN LEGGETT

優雅な近現代猫２種

上｜スノーシュー

英名ー Snowshoe
起源ー現代（1960年代）　原産ー米国（ペンシルベニア州）　体重ー2.5～5.5kg

白い靴下をはいたような足先の模様が楽しいスノーシューの子どもである。この美しい足先模様を実現するのは難しく、希少種となっている。写真は、ハチワレのような顔の逆V字型の模様が少しずれているのが残念。細くしなやかなシャム（126頁）とがっしりしたアメリカンショートヘア（68頁）の血を引く。両種のちょうど中間のような体型。とても賢く、おしゃべり好きはシャムから受け継いだもの。だけど、声はシャムほどうるさくない

撮影者｜Chris Brignell

下｜ネベロング

英名ー Nebelung
起源ー現代（1980年代）　原産ー米国、ロシア　体重ー2.5～5kg

100年以上前のヴィクトリア朝時代には長毛と短毛のロシアンブルーがいたが、長毛は猫種として残らず歴史の舞台からは消え去った。その「失われた」長毛種の血統を蘇らせたとも、長毛種の再現を目指した結果ともいわれる。名前は、ドイツ語で「霧」を意味する「nebel（ニーベル）」と『ニーベルンゲンの歌（Nibelungenlied）』に由来。輝くような美しいブルー（青みがかった灰色）の長毛が優雅な雰囲気を醸し出す。猫種として公認されたのは1997年である

撮影者｜J.-L. Klein and M.-L. Hubert

現代アメリカが作り出した超個性派5種

上｜**スフィンクス**

英名—Sphynx
起源—現代（1979年）　原産—カナダ、米国
体重—3.5～7kg

名前は、猫種登録の審議委員がその鎮座した姿に「まるでエジプトのピラミッドを守るスフィンクスのようだ」と言ったのがきっかけだ。エイリアンとか、ETとか、ひどい言われ方をするが、根強い人気がある。無毛ではなく、スエードのような細い産毛が生えている。非常にエネルギッシュで、運動能力が抜群に高い猫である

撮影者｜Jean-Michel Labat

下｜**マンチカン**

英名—Munchkin
起源—現代（1983年）　原産—米国（ルイジアナ州）
体重—2.5～4kg

『オズの魔法使い』に登場する背の低いマンチキン族になぞらえた名前だ。後ろ足の上に体を乗せて座る姿から、英国では初めカンガルー・キャットと呼ばれた。走るとフェレットのよう、仰向けになった姿はラッコのよう、と表現される。自然発生の突然変異で、予想に反してダックスフンドのように脊椎の障害はあまり見られない。足の長さは約12.5cm

撮影者｜J.-L. Klein and M.-L. Hubert

上 | バンビーノ

英名— Bambino
起源— 現代（2005年） 原産— 米国（アーカンソー州）
体重— 2〜4kg

右頁のマンチカンとスフィンクスに子が生まれると、こうなる。顔と胴はスフィンクス、足はマンチカン。スフィンクスと同じで完全な無毛ではなく、桃の実のような産毛が生えている。名前の「バンビーノ（Bambino）」は、生みの親がイタリア系だったこともあり、イタリア語で「赤ちゃん」を意味する。希少種専門のREFRで公認

撮影者 | Jaroslaw Kurek

下左 | スクーカム

英名— Skookum
起源— 現代（1996年） 原産— 米国
体重— 2.5〜4kg

巻き毛のマンチカンを目指してラパーマ（73頁）の血を取り入れたもの。体から立ち上がるように、柔らかな巻き毛が生えている。あらゆる猫種の中でも、最も小さい猫のひとつともいわれる。「スクーカム（Skookum）」はネイティブ・アメリカンの言葉で、偉大さや力強さを意味し、健全な心や健康な体を表現。短足だが、足の長い猫並みの運動能力を誇る

撮影者 | Robynrg

下右 | ドウェルフ

英名— Dwelf
起源— 現代（2008年） 原産— 米国
体重— 2〜3kg

上のバンビーノの耳をカールさせた猫。スフィンクス、マンチカン、そしてアメリカンカール（76頁）を交配した新しい猫種である。ドウェルフは英語で小人を意味する「ドワーフ（Dwarf）」と妖精を意味する「エルフ（Elf）」を組み合わせた造語。前足が少し弓なりで、後ろ足は前足よりやや長い。尾はスフィンクスのように先細り

撮影者 | Thomas Leirikh

インドの水辺で片足を垂らして涼むベンガルトラ。仲間のアムールトラはマイナス40℃のシベリアも平気だけど、ベンガルトラはこのけだるい熱帯がお気に入り。暑い季節になると、こうして昼間のほとんどの時間を池や小川に体をひたしてご満悦だ。夜の活動に備えて、足を冷やしたり、立ち姿勢で首だけ出していたり、ゆったりと横たわったり。泳ぎも得意で、時速4㎞で流れるスンダ海峡を平気で泳ぐ。獲物を追いかけて水中ダイビングもする。ジャガー（181頁）のようにワニ（クロコダイル）だって食べる。その昔の中国では、雨を降らせ、大地を潤す存在として敬われた。文明が栄えると、いつからか害獣になり、迫害された。そして、遠い国からやってきた（今は保護者の）欧米人がスポーツとして、ジープやライトや銃をつかって、楽しく狩りまくった。気がついたら、さっきまで（20世紀初頭まで）10万頭もいた野生のトラたちは、わずか3,500頭になってしまった

撮影地｜インド　　撮影者｜Theo Allofs

ネコ

アジアはネコ発祥の地だけあって、野生ネコが最も多い地域である。
全38種のうち最大16種がアジア原産である。
トラやユキヒョウ、ウンピョウの大型ネコから中型のアジアゴールデンキャット、
ネコ科のハチドリと呼ばれる小型ネコまで多様である。
生息地も標高5,000mの極寒の高地から南方のジャングルまで幅広い。
野生のイエネコ系統の祖先は、実は北米に生息していたネコから
分かれてアジアに戻ってきたグループである。
イエネコもタイ、ビルマの3大古代種からジャパニーズボブテイルまで、
アジアの原種から生み出された純血種も多い。

Part 3 —— Cats of Asia

アジアの

トラ

全身に濃い縞模様をもつ唯一の野生ネコ

すべてのネコ科動物の中で最大の種、それがトラである。頭胴長は時に3m近くにも及び、オスは体重が300kgを超えることもある。体の作りも強靭でがっしりとして筋肉質だ。

インドやバングラデシュといった南アジアの国々から、インドネシア、マレーシア、ミャンマーなどの東南アジア各国、そして、ロシア極東部などの各地域に、断片的に分布する。それらの地域ごとの個体群で従来8亜種に分類されてきたが、そのうち3亜種はすでに絶滅し、現在は4亜種または5亜種とされるのが一般的だ。ただし、大陸のトラは亜種間の遺伝子的差異が小さく、比較的最近まで連続的に分布していた可能性が高いため、一つの亜種と考えられるべきだという意見もある。

姿を隠すことができるような茂みが十分にあって豊富に獲物が捕れるところであれば、暑く乾燥した林から、高温多湿のマングローブ林、熱帯林、ロシアの極寒の森林地帯まで、あらゆる環境に適応する。

他の多くのネコ科動物同様、基本的に単独で行動し、縄張り意識は強いとされる。オスは広い行動圏をもち、ロシアなど獲物が得づらいところでは数百km²から1000km²にも及ぶ（インドやネパールでは、数十km²から数百km²）。ただオスの行動圏は、メスと重複することもあり、しばしば繁殖のために、オス、メス、子ども

ベンガルトラ

虎という漢字の上部分「とらかんむり」の造形は、顔の黒い縞模様をそのまま模して作られたという。それだけ、生き物としてのデザインは印象的だ。美しい被毛に鮮やかな黒い縞が流れる。胴の縞模様も左右対称ではなく、1頭として同じ模様はない。身体能力としてずば抜けているのは、ライオンと並ぶ超大型ネコ特有の前半身。盛り上がった肩と分厚い胸、何より巨大な前足。前足一発のパンチで巨大なスイギュウの首の骨を折るほど。それに比べると、後半身は少し貧弱で、それを反映してか、10m水平ジャンプの記録が残っているのに、専門家は辛口で、実際はその半分くらいだろうという評価だ。特技は静かに歩けること。獲物に気づかれないよう、大きく柔らかな肉球が体重を分散して近づく。夜の静寂に音は立てない。20～25 mまで近づいたら、数回の跳躍で獲物に達する。空中ではない。後ろ足を地面にしっかりつけ、相手を抑え込むのがテクニック。喉に噛みつき気管をつぶして窒息させる。超大型なら鼻を噛み、小さければ首筋か頭骨を噛み、ワニなら頭骨の付け根あたりの脊髄を破壊する。無敵と思われるも、たまに野生イヌの群れには敵わないこともある。ルーク・ハンター博士は、きっと傷ついたトラのはず、と擁護するも、22頭の野生イヌのドールに襲われ、腹を切り裂かれて殺されたという。ドールも12頭が死んだ。トラはよく子どもを産む。2年に1回、子どもが死んだら1年に1回、動物園では年3回も産んだ。妊娠期間の平均は103日、ネパールの49出産例の平均で2.98頭が生まれた。3頭生まれたら、その年に1頭は死ぬ。生まれた子は目が開いておらず、体重は785～1,610 g。斑点模様で、すぐ縞模様になるとの説もある。トラは成長が早く、生後1カ月で体重は4倍になる。生後6～12日で目が開く。2カ月ほどで少し肉を食べ、母親を追って歩き始め、4カ月でラブラドールほどの大きさになり、兄弟でレスリングをして遊ぶ。3カ月強で離乳し始め長くて6カ月まで続く。オスは1歳半から2歳で母親から独り立ちする。オスは3～4歳、メスは3歳で性成熟する。飼育下では17歳まで出産した記録があり、寿命は20歳では珍しくなく、最高は26歳。野生のメスは14～15歳で健やかだったとの記録がある

撮影者 | Marion Vollborn

で一緒に過ごす。

その外観から想像できる通り力が強く、記録によれば、13人の男がかかっても動かすことができなかったスイギュウの死体を、トラは15mも引きずっていったことがあるという。また、前足による強力な打撃や鋭い牙によって、巨大なヒグマもやっつけることができる。

しかし走るのは苦手なため、獲物はわずかな距離しか追うことができない。そのため、近くまで忍び寄ってから跳びかかり、幅広の足先と長い爪で相手を組み伏せて動けなくして、主に喉か首に噛みついて相手を殺す。

獲物は、スイギュウなど大型の哺乳類からイノシシ、シカが中心で、サル、爬虫類、両生類、魚類まで、幅広い。大きな獲物を捕獲するとそばに寝そべりながら食べ、時に24時間で10～20 kgほど食べることもあるという。また、人が殺されるケースも少なくなく、19世紀後半の一時期のインドでは、1年に700～1000人もの人が犠牲になったという記録がある。

生息地の破壊や人間による狩猟がトラにとって脅威であり、前記の通り、すでに絶滅した地域もある。現存する野生のトラは3500頭ほどといわれ、絶滅危惧種に指定されている。

ちなみにインド亜大陸のベンガルトラからは、稀に突然変異でホワイトタイガーが誕生する。

ホワイトタイガー

体毛の地色が白色、茶色い縞、青い目。写真は完璧なホワイトタイガーとしての色と模様を備える。100年ほど前に起こった突然変異の結果とされ、始まりは1951年。インド中央部のマディヤ・プラデーシュ州レワの森で生まれた白い1頭のオス。名をモハンという。彼が現存するすべてのホワイトタイガーの祖先である。彼と普通色のメスから白い子は生まれず、娘のラダと交配して4頭の白い子が生まれた。その後、父と娘、父と孫娘、兄弟姉妹の近親交配を繰り返した結果が今のホワイトタイガーの姿だ。その真の姿は、見ただけではわからない。内斜視などの目の異常、背骨の曲がり、首のねじれる関節の異常などの障害が出る。生まれた命の尊さは変わらないけれど、ここまでの障害をもつ生命を人為的に固定し続ける必要があるのか。2018年、日本の福岡県大牟田市の市営動物園が勇気ある宣言をした。「今後、ホワイトタイガーは、飼育しません」と看板に明記したのだ

撮影地 | ロシア（ノヴォシビルスク動物園）
撮影者 | Roland Seitre

上 | ゴールデンタイガー

顔や四肢、胴の下側に白色が広がり、体毛の地色が薄く、縞模様も濃い褐色になる。右頁のホワイトタイガーの作出過程の中間型として生まれたのがゴールデンタイガーである。正式名称はなく、イエネコのようなゴールデン・タビー・タイガーとも呼ばれ、女性の髪の赤みがかったブロンド色に似ているとして、ストロベリー・タイガーの呼称がある。世界に30頭ほどしかいない希少種と喧伝されるが、人為的な操作でしか生まれない存在だ

撮影者 | alberto clemares exposito

下 | タイゴン

父がトラ（Tiger）で母がライオン（Lion）ならタイゴン（Tigon）、父がライオン（Lion）で母がトラ（Tiger）ならライガー（Liger）。父親を頭で綴ればよいのでわかりやすい。ライオンに特徴的なたてがみは短くて目立たない。ライオンの子どものようなロゼット柄が出ることもあるとされるが、確認できない。ライガーを含めて非常に大型化しやすいという説、繁殖能力があるという説がある。しかし、ホワイトタイガー同様に先天的疾患を抱える。主要な骨の形成不全をはじめ、視神経や内臓に支障が出やすいとされる。疾患などにより短命な個体も多く、このような作出の継続は、生命の倫理に反するとして、研究目的外は極力控えられているとされるが、それは欧米やその影響下にある文化圏に限られる

撮影者 | Gerard Lacz

トラの分布

DATA

和名	トラ
英名	Tiger
学名	*Panthera tigris*
分類	ヒョウ系統
保全	IUCNレッドリスト―絶滅危惧種:危機（EN）
体重	オス100～261kg メス75～177kg
頭胴長	オス189～300cm メス146～177cm
肩高	77～91cm
尾長	72～109cm

アムールヒョウ

ふさふさした長い毛をもつ
北国のヒョウ

アムールヒョウ

英名― Amur Leopard
学名― *Panthera pardus orientalis*

北限のヒョウの亜種。2014年の調査で2倍に回復して、やっと70頭くらいになった（2014年のロシアでの調査で57頭を確認）。ホッキョクオオカミやホッキョクグマなど、食肉類の仲間は北極圏にまで生息域を広げたが、ヒョウの仲間はここ極東ロシアが北限。零下30℃、摂氏50℃の極寒・炎暑に適応して、その生息範囲を広げたヒョウにも限界があった。アムールヒョウの長い毛でも冬の腹毛で5㎝だからユキヒョウほど（北極圏に棲むホッキョクグマは15㎝、最長のジャコウウシは60㎝）。もっと形態を変えられないと無理なのか、それとも野生ネコとして、熱帯の密林の木の上に棲み家を見いだしたのをよしとするのか。彼ら彼女らは、極東ロシアの沿海地方南部にある山岳森林地帯に棲む。保護活動に熱心なロシアの「ヒョウの森公園」、そこに国境を接する中国の保護区周辺だけに生息する。死亡の主原因にあげられる交通事故を避けるため、2016年には欧州並みのアムールヒョウ対策トンネルも開通した。ロシアと中国をまたがる保護区の設立が待たれる

撮影地｜ロシア（シベリア アムール川流域）
撮影者｜Michael Durham

生後15日のアムールヒョウの赤ちゃん。北国のキトンブルーの青い目がひときわ美しい。ロシアでは一年を通して小さな子どもが見られるといわれるものの、出産のほとんどは春とされる。アムールヒョウに限らず、野生での繁殖記録は限られるので、ここではヒョウ一般の繁殖記録をまとめておこう。動物園の記録では妊娠期間90〜105日で、ふつう1〜3頭、稀に6頭の子を産む。黒豹の母は少し少なく平均1.7頭、ロゼット柄の母は平均2.09頭を産む。生まれた子は頭胴長360〜483㎜、体重430〜570g(最大1,000g)。毛は短く、かすかに斑点があり、黒いヒゲを生やしていたという。目は4〜9日で開く。離乳は生後8〜10週ほどで始まり、4カ月ほどで終わる。子どもは1歳から1歳半で独立し、2歳から2歳半で性成熟する。6例の飼育メスは生後27〜49カ月で初出産した。最長寿命は、飼育下で23歳、野生ではメス19歳、オス14歳だった

撮影者 | Edo Schmidt

ヒョウは、アフリカからアジアにかけて広く分布し、最も生息範囲が広い大型のネコ科動物として知られている(143頁)。個体数も多く、種としての危機にはさらされていないが、地域ごとには、絶滅したり絶滅しそうな状態にある個体群が少なくない。アフリカに1亜種、アジアに8亜種(5亜種とする見方もある)が存在するが、アジアはその半分ほどが絶滅の危機に瀕しているといわれ、そのうちの一つがこのアムールヒョウなのである。

アムールヒョウは、現在、極東ロシア南部沿岸地域から中国との国境にかけての森林にのみ生息する。他のヒョウより大型で体毛が厚く密集していること、斑点も大きいといった特徴がある。体格や体毛は、冬にマイナス30度にもなる極寒の環境への適応であろう。

2007年に行われた調査では、生息数は27~34頭のみであるという結果となったが、その後、2012年に、アムールヒョウの生息環境を守るための保護区「ヒョウの森公園」が設立され、保全活動が進むようになると、個体数が回復に向かっている兆しが確認されるようになった。2013年に同公園やロシアの専門家、世界自然保護基金(WWF)などによって実施された調査によれば、野生での生息数は48~50頭という結果となり、さらに2014年、3800㎢に200機以上の自動カメラを仕掛けた調査では、57頭が実際に確認され、70頭前後が生息しているのではないかという推定が出されたのだ。

そのように保全活動が着実に効果を出している中、2015年からは、世界各地で飼育されているアムールヒョウの子どもをもらい受けてトレーニングし、自然に再導入するというプロジェクトが始まっている。野生動物の保護活動の重要な事例としてその行方が注目される。

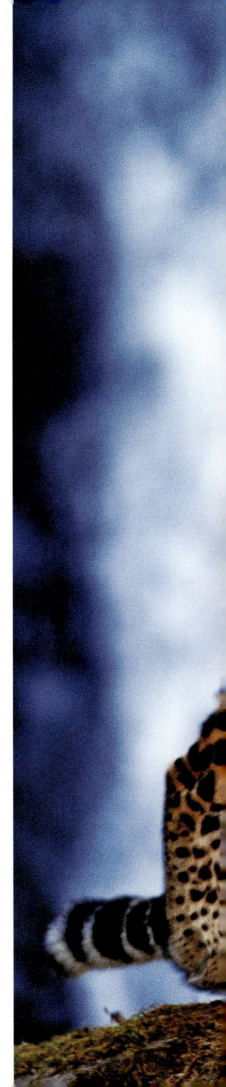

ユキヒョウ

気が優しくて人懐こいネコ

名前は和名、英名Snow Leopardとも、雪に覆われた山岳地帯を主な生息地としていることに由来する。 モンゴルやロシアでは古代の言葉で「イルビス」と呼ばれる。 その名はチベット仏教の経典に、「聖なる峰々の守護者」と記され、中央ユーラシアの山岳信仰にも深く結びついているという。 メル・サンクイスト博士によると、学名のuncia(ウンキア)の由来はちょっと、なさけない。ギリシア人が大山猫(Lynx)と呼んで、ラテン語化(Lonza)→フランス語化(L'once)→ラテン語化(once → unica)に変わるうちに綴りを間違ったとか。だから専門家はユキヒョウのことをエルが消えた綴りonce(ワンス:一回、一度)の名で呼ぶそうだ。 日本の図鑑の多くに記されている(実はロシアの動物学者セルゲイ・オグネフによる)15 m水平ジャンプ説は、誇張という。 信頼できるユキヒョウの走り幅跳び記録は6 mである

撮影者 | Jurgen and Christine Sohns

ユキヒョウは、額がドーム状に盛り上がっている独特の頭骨の形状から、長く単独でユキヒョウ属を形成していた。しかし近年の遺伝子分析によって、トラと近い種であることが明らかになり、現在は、ライオン、ジャガー、トラ、ヒョウとともにヒョウ属に分類される。

北はロシア、モンゴルから、中央アジア各国を経て、南は中国南西部やネパール、インドにまで分布範囲は及ぶ。それらの国々の、主に標高3000～5000m程度の山岳地帯の険しい岩場を好んで生息する。

体の各部は、極寒の高地に適した作りをしている。体毛は厚く密生していて、実際の体格よりもずっと大きく見えるほどだ。毛は足の裏にも生えていて、寒さ対策であるとともに、接地面積を大きくして柔らかな雪の上でも沈みにくくするという働きももつ。そして灰色からクリーム色、白色あたりの体色も、雪の中で隠れやすいための適応だろう。

獲物の個体数が少ないため、おそらく数千㎢程度にもなる広大な行動圏をもっており、その中でウシ科のバーラルやアイベックス、アルガリなど様々な獲物を捕る。ヒツジやヤギといった家畜も襲うために現地の人間には嫌われる。その一方、毛皮の美しさが愛されるために乱獲もされてきた。現在、計2700～3400頭ほどが生息し、その半分程度が中国にいると推定されている。

子どもでも大きく立派な前足をもつ。柔らかな雪上を歩く「かんじき」足のカナダオオヤマネコ(60頁)を彷彿とさせる。足裏に毛を生やした足先。岩をしっかりつかむため、後ろ足より前足のほうが大きい。ほとんどの子どもは5～6月に洞窟や岩の割れ目で生まれる。母親は妊娠期間94～103日で2～3頭(203例の平均2.2頭)、稀に5頭の子を、母親の腹の毛を敷き詰めた巣穴で産む(毛の深さ1.27cmの記録がある)。体重は320～567g。生後7日ほどで目を開く。赤ちゃんの被毛の模様はロゼット柄を黒く塗りつぶしたよう。生後5週ほどで固形食を食べ始め、2カ月でイエネコほどの大きさになる。2～3歳で性成熟し、初産は4歳ほど。飼育下のメスの平均寿命は9.6歳、最高寿命は21歳

撮影者 | Edwin Giesbers

ユキヒョウの分布

DATA

和名	ユキヒョウ
英名	Snow Leopard
学名	*Panthera uncia*
分類	ヒョウ系統
保全	IUCNレッドリスト―絶滅危惧種:危急(VU)
体重	オス25～55kg メス21～53kg
頭胴長	オス104～125cm メス86～117cm
肩高	60cm
尾長	78～105cm

雲型模様をもつ
ヒョウの仲間
ウンピョウ

ウンピョウ

体の側面に雲の形の大きな柄があるヒョウなのでウンピョウ（雲豹）の名をもつ。体の模様が雲の形だけでなく、葉の形にも似ているとして、中国では「ミントヒョウ」の別名をもつ。尾が非常に長く、鼻先から尾の付け根までの頭胴長とほぼ同じ長さ。飼育下では、妊娠期間はふつう88～95日で2～3頭、稀に5頭の子を産む。新生児の模様は大人と同じだが、色は真っ黒。生後6カ月ほどで大人の色になる。体重は140～280g。生後2～11日で目を開き、19～20日で歩き、6週で木に登る。生後7～10週で固形食を食べ始め、80～100日で離乳。80日でニワトリを殺すことができたとの報告がある。20～30カ月で性成熟する。野生での寿命は不明で、飼育下は15歳が2例、最長の17歳が1例ある

撮影者｜Lynn M Stone

名前の由来である雲型の模様が美しいウンピョウは、ヒョウ系統の中で最も古い時期、640万年前に、その共通祖先から分岐している。

生息するのは、南アジア各国（ネパール、インド、ブータン、バングラデシュ）から、中国、インドシナ半島を中心とした東南アジア各国、ボルネオ島、スマトラ島の、主に密林だ。元来、これらのすべての個体群が一種だと考えられていたものの、遺伝子研究によって、ボルネオ、スマトラ両島に棲む個体と大陸の個体は別種であることが明らかになり、両島の個体は2008年からスンダウンピョウとして別の種とされている。

大型ネコの中で体は最も小さいが、体つきや顎の筋肉はたくましく、力強い。特徴的な鋭い牙は、体の大きさとの割合でいえば、ネコ科の動物の中で最も長く、最長4㎝にもなるという。

また、大きな足先や長い尾が示唆する通り、両種とも木登りがとても得意で、樹上で長い時間を過ごすと考えられている。木の上でテングザルを捕らえたり、樹上でシカやイノシシを待ち伏せて、飛び降りて仕留めたりもする様子も観察されている。

毛皮目的の違法狩猟や、森林の伐採によって生息地が減ることで個体数は減っていると見られている。また、滅多に姿を見せないため、生態などはいまも謎が多いままである。

サーベルタイガーに一番近い最古の野生ネコ

スンダウンピョウ

外見はそっくりなのに、DNA分析では、上の写真がジャガーなら、右の写真はライオンほどに違うという。両種を外見だけで見分けるのはすごく難しい。写真のように模様の輪郭の縁が黒くて、全体に色濃いのが島のスンダウンピョウ。薄いのが右の大陸のウンピョウ。模様の中に黒い点があるのもスンダウンピョウの特徴だが、同じように模様の中にもう少し大きな点のあるジャガー（178頁）と、点のないヒョウ（142頁）ほどには見分けがつかない。歯が長いのも考えもので、ボルネオ島では耳飾りに使う種族もいたとか

撮影地｜マレーシア
（ボルネオ島サバ州タワウ・ヒルズパーク）
撮影者｜Sebastian Kennerknecht

DATA

和名	ウンピョウ／スンダウンピョウ
英名	Clouded Leopard、Indochinese Clouded Leopard ／ Sunda Clouded Leopard、Bornean Clouded Leopard
学名	*Neofelis nebulosa* ／ *Neofelis diardi*
分類	ヒョウ系統
保全	IUCNレッドリスト―絶滅危惧種：危急（VU）
体重	オス17.7～25kg、メス10～11.5kg
頭胴長	オス81.3～108cm、メス68.6～94cm
肩高	80cm
尾長	60～92cm

ウンピョウの分布

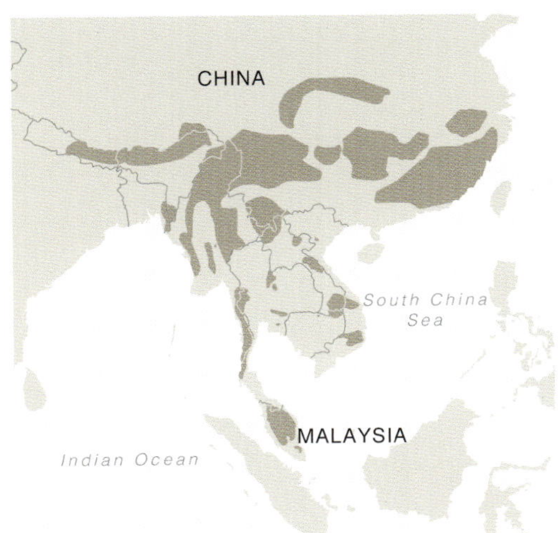

スンダウンピョウの分布

マーブルキャット

大理石模様をした アジアの古代種

名前の通り、マーブル柄（大理石の模様）のようなまだらな斑紋をもつこのネコ科動物は、ネパールやインド、そしてマレーシアやインドネシアといったアジアの国々の熱帯雨林に生息する。体長は50cm前後で、尾は30〜50cmほど。イエネコと同等の大きさだが、体毛が厚く、尾の毛もふさふさして豊かなため、実際の大きさよりは大きく見える。

その外観から、小型のウンピョウのようだという形容がよくなされ、ウンピョウの近縁種だと思われてきたが、近年のDNA研究により、同じくアジアに生息するベイキャットとアジアゴールデンキャットと近縁であることが明らかになった。この2種とともにベイキャット系統を構成する。

夜行性ということもあり、姿が見られることはとても稀だが、樹上で鳥を追い回す様子や、頭を下にして木を降りる（ネコ科動物では珍しい）姿が目撃されている。主に樹上で生活し、げっ歯類、鳥類、爬虫類や両生類などを食べると考えられている。長い尻尾と大きくて幅の広い足先からも、樹上で巧みにバランスを取って動き回る様子が想像できる。

ただ、詳しいことはほとんどわかってなく、さらなる研究の進展が待たれる。ネパールなど大陸にいる個体群とインドネシアなどの島にいる個体群では種が異なるのでは、という見方も出ている。

マーブルキャットの分布

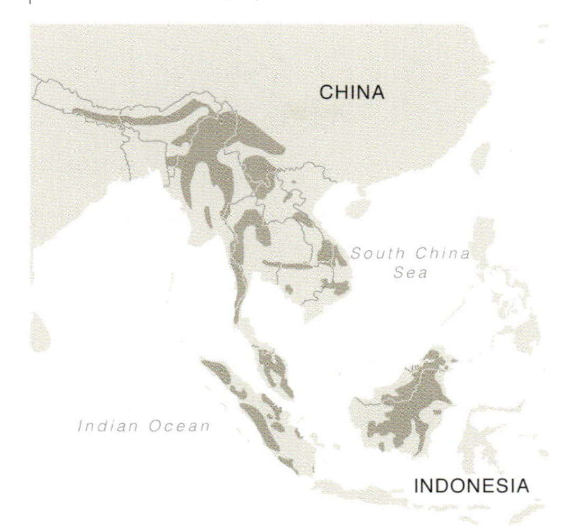

DATA

和名	マーブルキャット
英名	Marbled Cat
学名	*Pardofelis marmorata*
分類	ベイキャット系統
保全	IUCNレッドリスト―準絶滅危惧（NT）
体重	2.5～5kg
頭胴長	45～62㎝
肩高	30～40㎝
尾長	35.6～53.5㎝

木の上で休むオスのマーブルキャット。ウンピョウを小さくした姿ともいわれるが、似ているのは模様だけで体つきは異なる。頭が小さく丸く、胴も長い。耳の背面にトラと同じ白い虎耳状斑（こじじょうはん）がある。東南アジアを中心にボルネオ島からブータンまで広い範囲に生息する。古くから環境の変わらない熱帯林などに棲み、夜行性でほとんどの時間を木の上で過ごすといわれる。しかしその生態は謎に包まれており、詳しい知見はタイで研究された1頭のメスに限られる。インド北東部でのカメラトラップ調査では、活動のピークは正午頃で地上を動き回っていたので、地上と樹上の両方でリスやネズミ、鳥、カエル、ヘビなどを狩っていると推測される。生息数は1万頭以上と推定されるものの、中国では絶滅に近いとの説もある。頭胴長との比率ではネコ科動物の中で最も尾が長く、太い筒状をしている。個体によっては頭胴長より長い尾をもつ。インドのアルナーチャルプラデーシュ州サバンシリでは、頭胴長65㎝の大型個体が記録されている

撮影者 | Terry Whittaker

背中をアーチ状に丸めたマーブルキャットのメス。この独特の姿勢がイエネコほどの小さな野生ネコを大きく見せるという。これがノンビリくつろぐときのポーズというから不思議だ。イエネコでは真逆で、ケンカするときに自分を大きく見せるためのポーズ。和名も英名もMarbled Catで「大理石模様のネコ」を意味する。マーブル模様とは、磨き上げた大理石の表面に現れる柄。異なる色が流れるような形で練り込まれたように見えるもの。体の側面に浮かんだ輪郭のはっきりしない模様に由来する。イエネコでは「マーブルド・タビー Marbled Tabby」といって、121頁写真・中上のベンガルの柄を指すので、ずいぶん違う。マーブルキャットの模様を大きく、くっきりさせると、90頁のウンピョウ（雲豹）の柄になる。英名Clouded leopardも同じ意味で「雲型模様のヒョウ」。黒く縁取られた斑紋が雲のように見えるというのが名前の由来。イエネコの雲型は121頁写真・中下の柄で、こちらもほぼ違う模様だ。日本では「クラシック・タビー Classic Tabby」を雲型とも呼び、アメリカンショートヘア（165頁）の典型的な柄として有名。命名した時代が異なるためか、野生ネコとイエネコでは、模様の名前がかくも一致しない

撮影者 | Rod Williams

アジアゴールデンキャット
歌舞伎の
隈取（くまどり）のような顔

かつてはゴールデンキャットという一つの種がアフリカとアジアに生息すると考えられていたが、DNA研究によって、両者の関係は遠いことがわかった。そして、2種に分けられたうちアジアに生息するものがこのアジアゴールデンキャットである。最も近縁の種とされるのはベイキャットで、両者が共通の祖先から分岐したのは490万年前〜530万年前と考えられている。

中国南部、ネパール、ブータンから、タイやインドネシアなどの東南アジア各国の、主に森林地帯に棲んでいる。標高3700mほどまでの、草地や低木地でも生息していることがあるという。

主に地上で、時には樹上で獲物を捕える。また基本的には、単独で行動するものの、つがいで狩りをする様子も目撃されている。ネズミやリスなどのげっ歯類を中心に、鳥、トカゲ、サルやシカ類まで、幅広く捕食する。その他、スイギュウの子やヒツジといった家畜も襲うといわれる。

とはいえ、同じベイキャット系統のマーブルキャット（前項）同様、食性も行動も詳しいことはわかっていない。これまで得られている情報の多くは、数少ない観察や数個体の追跡調査によっているため、より広範な研究が待たれるところだ。

ちなみに体毛は、金色、茶褐色から灰色まで多様だ。斑点はあるものとないものに分かれる。

左｜顔に模様の入る野生ネコは少なくないが、アジアゴールデンキャットの顔は格別だ。歌舞伎の隈取（くまどり）を連想させる強烈な模様が刻まれている。隈取には赤色（正義）、藍色（悪）、それに土蜘蛛（つちぐも）など人間以外の恐ろしい存在を表す茶色の3種類がある。その茶色を反転させたような柄。タイでは「炎のトラ」や「セウア・ファイ（seua fai）」と呼び、古くから本種をすべてのネコ族の主人で、最も獰猛と信じていた。森の民、カレン族はいう。その毛が1本あればトラさえも逃げる、と。燃え立つ炎のような模様で、怒りや闘争心を視覚的に誇張して見せる隈取。アジアゴールデンキャットの顔も、自然界では畏怖の対象となってきたようだ

撮影者｜Roland Seitre

右｜頼りなげな幼い様子ながら、しっかりした顔立ち。それもそのはず、生まれたときから大人と同じ柄。だから顔にもアジアゴールデンキャット特有の豪快な模様が浮かんでいる。野生での繁殖はまったくわかっていないので、動物園での飼育記録によると、発情期間は39日、妊娠期間は78〜80日。メスは、ふつう1頭、稀に2頭の子どもを産む（例外的な3頭の記録もある）。生まれたての体重は220〜250g、生後3週で2倍、8週で3倍になる。生後2週でよく歩いた子どもの体重は650g、その個体は生後9.5週で1.3kgまで成長した。生後6〜12日で目を開く。飼育下での父親は子どもを殺すことがあるため、メスの妊娠が疑われると引き離される。ただし、生後9週の子どもを父親が舐めている様子が観察されている。18〜24カ月で性成熟し、メスは25カ月で最初の出産を迎え、最高齢の出産は14.5歳だった。飼育下の寿命は最長約17歳。なお、ドイツのアルヴェッター動物園は2013年、世界で初めて人工授精による出産に成功。約80日の妊娠期間で雌雄2頭の子どもが生まれた。母親はオスの子どもしか世話をしなかったので、メスは飼育員が育てたという

撮影者｜Edwin Giesbers

数は少ないが、写真のような完全なメラニズム（黒色素過多症）の個体も見られる。クロヒョウのように体毛だけでなく、皮膚や組織にも黒色素（メラニン色素）が過剰に作られている。そのため、ふつうはピンク色の鼻鏡（びきょう）まで、真っ黒だ。中国ではアジアゴールデンキャットをヒョウの一種と考えていたので、古くは「黄色いヒョウ」と呼び、黒い個体は「墨のようなヒョウ」と呼んでいた。このような全身真っ黒なタイプだけでなく、濃い青灰色やコーヒー色の個体もいて、これらは冷たい褐色（コールド・ブラウン）型とも呼ばれる。顔の模様、体の柄だけでなく、単色のカラーバリエーションも非常に多岐にわたるのも本種の特徴である

撮影者 | Terry Whittaker

数多くの体色や模様をもつ

4本足で少し屈み、耳を伏せてじっと一点を見つめている。体色は茶色というよりオレンジ色に近い。アジアゴールデンキャットは、体色も模様も変異が多い。大きくは単色型、複雑な模様が入ったオセロット型、その中間型に分けられる。写真のような単色型は、茶色系をベースにして、金色や赤色、灰色がかった色までさまざま。金褐色、鮮やかな錆色、淡黄色、コーヒー色、青みがかったタイプなどがある。体下面は白っぽく、顔の縞模様や胸、腹、足の内側に斑点が入るものの、それ以外は無地。やや長くほっそりした尾は、右頁のメラニズム(黒色素過多症)の個体を除き、下面は真っ白で、上面の先端のみ黒っぽい。耳は丸くてやや小さく、先端に飾り毛はない。写真の右耳のように耳裏は黒く、野生ネコ特有の白っぽい虎耳状斑(こじじょうはん)が入る。鼻先は茶色を帯びたピンク色。野生ネコなどの食肉類では、鼻孔のまわりに毛が生えず、先端が粘液でしめり光って見えるため、鼻鏡(びきょう)と呼ばれる

撮影者｜blickwinkel / Layer

アジアゴールデンキャットの分布

DATA

和名	アジアゴールデンキャット
英名	Asiatic Golden Cat Temminck's Golden Cat(別名)
学名	*Catopuma temminckii*
分類	ベイキャット系統
保全	IUCNレッドリスト―準絶滅危惧(NT)
体重	オス12～15.8kg メス8.5kg
頭胴長	オス75～105cm メス66～94cm
尾長	42.5～58cm

ベイキャット

アジアゴールデンキャットの近縁種

前2項目のマーブルキャットとアジアゴールデンキャット、そして本種の3種からなるベイキャット系統は、いずれの種も詳しいことが知られていないが、中でも圧倒的に謎に包まれているのがこのベイキャットである。

ボルネオ島のみに生息するこのネコ科動物については、19世紀から断片的な情報といくつかの頭蓋骨と毛皮が収集されてきた。しかし科学者がその生きた姿を実際に目にできたのは1992年になって初めてだった。

その後、98年、2000年、2003年で計5頭が罠にかかっているが、それ以外は、カメラトラップ（近づいた動物を自動で撮影する装置）で稀に撮影されて姿が確認できるぐらいだという。

形態については、大きさがイエネコほどで尾が長い（体長50㎝前後、尾長30〜40㎝）、体毛に赤色型と灰色型がある、額と頬に縞がある、体の上半分と下半分との境目に微かな斑点がある、といったことがわかっている。ただし、生態や行動についてはほとんど情報がない。低地の密生林から1500m程度の高地まで生息している可能性があり、小型脊椎動物を多く食べていると推測できる程度だ。

非常に珍しい種のため、希少価値は大きく、ただでさえ個体数が少ないのに動物商に狙われる。森林伐採による生息地の減少も大きな脅威である。保全状況は懸念され、絶滅が危ぶまれる。

ベイキャットの分布

DATA

和名	ベイキャット
英名	Bay Cat、Borneo Bay Cat（別名）
学名	*Catopuma badia*
分類	ベイキャット系統
保全	IUCNレッドリスト― 絶滅危惧種：危機（EN）
体重	3～4kg
頭胴長	53.3～67㎝
尾長	32～40㎝

目をかっと見開いて、ボルネオ島のタワウ丘陵公園の森を歩くベイキャット。灰色型のオスは、少しおびえたような緊張感のある表情だ。見かけは近縁種のアジアゴールデンキャット（94頁）を小さく、ほっそりとした感じだが、大きさはイエネコほどしかない。恐ろしい牙をもつスンダウンピョウ（91頁）に襲われないか、警戒しているのだろう。昼間に出歩くほうが多い。この小さな野生ネコは、ボルネオのみに棲む。ボルネオは、インドネシアとマレーシアが接する巨大な島で、日本の国土の2倍近い大きさ。温暖な気候に山々が連なり、世界最古の熱帯雨林が広がる。雨が多く高温多湿の島だが、公園のあるサバ州は10月から3月の雨期を除いて、あまり雨が降らない。名前の通り丘陵林を主体とする公園は、低地林から丘陵林で構成され、写真は低地林の森だ。パーム油を求めて、周辺のほとんどの地域はアブラヤシのプランテーションとして開発されてしまった。自然保護区に指定された小さな公園には、多くの野生動物を守る貴重な自然林が残されている。世界3位の広大な島に生き残ったベイキャットはわずか2,200頭。専門家によっては1,000頭以下ともいう

撮影地｜マレーシア（サバ州ボルネオ島タワウ丘陵公園）
撮影者｜Sebastian Kennerknecht

マヌルネコ

マイナス50℃を耐える長毛の野生ネコ

モンゴル、ロシア、中国といった国々をはじめ、ユーラシアの各地に広がるステップ（乾燥した大草原）や半砂漠の、岩石が露出するような荒涼とした場所には、体つきも顔つきも一風変わったネコ科動物が生息している。それがマヌルネコである。

イエネコほどの大きさ（体長50㎝程度）だが、足が短く、体毛が長くて厚いため、ずんぐりむっくりして見える。尾は太くて毛もふさふさで、ひときわ触り心地が良さそうだ。また、じっくりとこちらを見定めているかのような独特な眼差しと、頬に伸びる2本の縞模様、そして低い位置についている耳が、その顔を特徴づける。なんとも愛嬌のある姿をしているのだ。

マヌルネコが好んで生息する地は、標高が高く寒冷な場所が多く、冬にはマイナス50度にもなる場合も少なくない。厚い体毛のおかげでこの動物は、そうした極寒の環境の凍った地面に腹ばいになっても体温が維持できるという。腹ばいは、自分を狙う動物などから身を隠すためにとる姿勢である。

また、マヌルネコは自身が獲物を狩る場合も、まずは茂みや岩場に巧みに身を隠しつつ獲物に近づくという方法を取る。

狩りの一番の対象はナキウサギ（食物の50％以上を占めるという）で、その次がネズミ類、小型の鳥などである。獲物をしとめる方法は、主に3つ。獲物の隠れ家を探し当てて直接襲う「ストーキング」、草原で見つけたげっ歯類を追い立てる「移動・追い立て」、そして巣穴での「待ち伏せ」である。

一方、マヌルネコ自身は足が遅くて逃げるのは苦手なため、見晴らしの良い草原などでワシやオオカミといった大型の動物に見つかると、腹ばいになって身を隠してはみるものの、捕食されてしまう場合が多いようだ。モンゴルのフスタイン・ヌルー国立公園での調査によれば、じつに7割近くのマヌルネコが、成熟して独り立ちする前に、主に捕食されることが原因で死亡するという。

できるだけそうした危険を回避できるように、狩りをしない日中の時間（狩りは朝と夕方のみに行われる）は、洞窟や岩の割れ目など、捕食動物に狙われにくい場所で過ごす。

また、マヌルネコは、生活環境が厳しいためか繁殖の時期は決まっていて、ほとんどの子は4月か5月に生まれる。一度に生まれる子どもの数も、ネコ科動物では1～3頭が多いのに対して、この種は、平均で2～4頭、最大8頭にもなる。子どもの死亡率が高いゆえの進化なのであろうか。

ちなみにこのマヌルネコ以降、ベンガルヤマネコ（～117頁）までの5種はすべて、ベンガルヤマネコ系統に入る。この系統は、ネコ科動物の共通祖先から620万年前に分岐したとされる。

名前はそのネコについて多くのことを教えてくれる。和名の「マヌル」とは、モンゴル語で「小さな野生ネコ」を意味する。英名Pallas's catはこのネコを最初に発表した、18世紀を代表する博物学者ペーター・ジーモン・パラスに由来する。ドイツ生まれでロシアや中央アジア(モンゴルを含む)の探検・調査で知られ、7種類の哺乳類にその名が冠されている。マヌルネコをペルシャなどイエネコ長毛種の原種と主張した人だ(5頁参照)。このネコはそのロシアでも大変人気があって、「草原のネコ」とか「岩場の野生ネコ」と、生息地の環境をよく表す名前で呼ばれる。ドイツでも「草原のネコ(steppenkatze)」という。写真のような標高数千mに達する荒れ地、ごつごつした岩が露出した草原や、岩だらけの半砂漠にしか棲まない。夏の気温は40℃近く、冬にはマイナス50℃に達する煉獄のような世界だ。あたりに身を隠すようなものがほとんどない世界で、ワシやキツネなどの天敵に囲まれている。逃げ足も遅い彼らが死滅しないのは、消えることができるから。カムフラージュの名人で、うずくまると、風景に溶け込むように消えてしまう。隠れ場所がわかっていても、専門の研究者でも見つけることが難しいという(研究者によって真逆の説がある)

撮影地｜中国(青海省チベット高原)　撮影者｜Staffan Widstrand

大きさもイエネコの長毛種と同じ

岩の割れ目や大きな岩の下、そしてマーモットやアナグマなどが捨てた巣穴を利用する。自分で巣穴は掘らない。巣穴は一年を通して利用し、夏の暑さや冬の寒さをしのぎ、天敵のワシを避けるため、昼間は巣穴の中で隠れている(ただし、日向ぼっこをすることはある)。夕方になると狩りに出る。低い位置についた耳と平らな頭で、岩や茂みからあまり頭を出さずにのぞき見ることができる。好物はナキウサギで食物の半分以上を占める。普段の行動はあまりわかっていないが、鳴き声は「唾を吐くような音」と、いい音色ではないらしい。発情すると、小型のイヌの吠え声とフクロウの鳴き声「ホー」を組み合わせたような鳴き声を発するという

撮影地｜中国(青海省チベット高原)
撮影者｜Staffan Widstrand

上｜ 野生ネコは総じて短毛が多い中、マヌルネコは唯一の長毛種ともいわれる。しかし、最低気温マイナス30℃、モンゴル東部の11月下旬に測定された、その毛の長さは4㎝ほどしかなかったという。これだとアンデスキャット（198頁）の測定結果と同じだ。短毛の日本のイエネコなら1.5㎝ほど。イエネコの長毛種なら5㎝以上、長いと10㎝強はある。イエネコのギネス記録は雑種の25.7㎝。ただし、これは尾の毛の長さで、体毛としては、記録2位のペルシャとヒマラヤンの混血の22.87㎝が一番だろうか。ちなみに北極の海を泳ぐホッキョクグマの毛は15㎝、前足の後ろに生える特殊な保護毛はなんと43㎝以上にもなる。マヌルネコが見た目より毛が長く見えるのは、豊かな頬の毛の影響が大きいかもしれない。幅広の平たい顔、へちゃげたお坊さんの頭のようにも見えるのは、耳が離れて低くついているから。横広がりの顔の両側に密生した長い毛が生えている。目の外側から頬の毛にかけて、くっきりとした2本の黒い縞が下に伸びる。大きな黄色い目は下三白のように、いつもすがめて上瞼が重い。目のまわりは白く縁取られ、そのまわりを暗色の縁が囲っているので、眼鏡をかけているようにも見える。額から頭頂にかけては、黒い斑点がたくさん入る。ほとんど模様のない地味な体毛に比べ、顔や頭の色・模様・形はきわめて個性的。もう1カ所模様があるのが頭胴長の半分ほどの長さの、太くてふさふさした尾。4～7本の輪状の黒い縞があり、尾先は黒だ

撮影地｜中国（青海省チベット高原）
撮影者｜Staffan Widstrand

下｜ 過酷な環境に生きているので、繁殖期は限られる。交尾のピークが冬間近の11月、ほとんどの子どもは4～5月に生まれる。妊娠期間は66～67日、もしくは74～75日の2タイプがある。平均2～3頭が多い野生ネコの中では、やや子だくさん。平均3～4頭、多ければ5～6頭も珍しくない。飼育下では8頭の記録もある。子をたくさん産み、成長が早いので、短期間に個体数を増やせる種といわれる。試算では、メスが生涯に産む子は24～32頭にのぼる。大人の大きさはイエネコと変わらないので、生まれたての赤ちゃんの体重も同じほど。1頭のオスで体重89g、頭胴長15.2㎝、尾の長さ5.5㎝の記録がある。野生では同じく12.3㎝、3.1㎝と、もう少し小さいサイズの記録も残っている。赤ちゃんの毛は短く、生後2カ月ほどで大人の長い毛に生えかわる。生後4カ月ほどで狩りを始め、6～7カ月で大人と同じ4kgほどになる。飼育下の性成熟は雌雄とも生後9～10カ月。モンゴルの野生で生まれた3頭のメスは、いずれも生後10カ月で初出産したという。野生での寿命は、およそ8～10歳まで生き（平均5歳ほど）、飼育下の最長は11.2歳だった

撮影地｜中国（青海省チベット高原）
撮影者｜Staffan Widstrand

マヌルネコの分布

DATA

和名	マヌルネコ
英名	Pallas's Cat
学名	*Otocolobus manul*
分類	ベンガルヤマネコ系統
保全	IUCNレッドリスト―準絶滅危惧（NT）
体重	オス3.3～5.3kg メス2.5～5kg
頭胴長	オス54～57㎝ メス46～53㎝
尾長	23～29㎝

サビイロネコ

ネコ科のハチドリと呼ばれる

インドの南部や西部の一部とスリランカの固有種であるサビイロネコは、「ネコ科のハチドリ」とも呼ばれている。小さくて身軽ですばしっこく動くからだ。

体長は35〜50㎝ほどと、イエネコより小さい。体も細く、体重は最大でも2㎏に満たない。ネコ科で最も小さな種の一つである。名前は体毛のさび褐色という色に由来する。

先の両国の、森林や草原、低木地など、複数の環境に生息しているが、夜行性であるといった理由から野生で目撃される機会は少なく、知られていることは多くない。

食物としては、小型のげっ歯類や鳥類、昆虫、爬虫類などを食べるとされる。目撃例から判断すれば、狩りは主に地上で行われるようだが、木登りが得意なため(危険を察知すると木の上に逃げる)、樹上でも狩りをしているのではないかと思われる。飼育下では、生後8カ月のサ

体毛は短く柔らかで、錆色を帯びた灰色の地色に斑点が並び、体側方向に濃い縞が入る。スリランカの個体は、インドより地色がより赤茶けた色になる。腹部や胸、喉は白く、大きな黒っぽい斑点や横縞が入る。左右の頬に2本ずつ濃い縞、目の上から耳横の頭を通り肩にかけて4本の濃い縞が後方に伸びる。背中や脇腹には、長さも形もやや不規則な縞が縦方向に流れ、後ろに向かって濃い斑点が並ぶ。尾は頭胴長の半分ほどの長さ。筒状にやや長く、かすかに輪状の縞が入り、尾端は黒っぽい。珍しいことに足裏は黒

撮影地｜スリランカ　撮影者｜Rod Williams

ビイロネコが、自分自身より大きなガゼルの子の喉に噛みついて窒息させかけたという報告がある。それゆえ獰猛な性格と紹介されることもあるが、野生でもそのような行動をとるのかはわかっていない。

希少でかつ、個体数は減っていると推測されている。人間のいる環境にも適応できる種であるため、人間との共存が個体数の増加にも適しているのではないかともいわれる。

サビイロネコの分布

DATA

和名	サビイロネコ
英名	Rusty-spotted Cat
学名	*Prionailurus rubiginosus*
分類	ベンガルヤマネコ系統
保全	IUCNレッドリスト―準絶滅危惧(NT)
体重	オス1.5～1.6kg メス1～1.1kg
頭胴長	メス35～48㎝
肩高	20～25㎝
尾長	15～29.8㎝

イエネコの半分の大きさ。超小型で飛ぶ

サビイロネコは恐ろしく敏捷で、茂みから飛び立った鳥を空中で捕まえることができる。獲物が小さければ首を噛んで一気に殺し、大きめだとチーターのように喉に噛みつき窒息させる(160頁参照)。野生での繁殖は何もわかっていない。飼育下では季節繁殖する説(ルーク・ハンター博士による)と特定の季節に限定されないとする説(メル・サンクイスト博士による)がある。インドとスリランカの野生で子どもが発見されたのは、いずれも2月だった。スリランカは2月上旬で生後2週ほど。原生林の険しい岩地で、茂みの中にあった小さな岩の下の浅い洞窟で見つかった。目は開いておらず、体色も大人の体毛より暗い色合い。あまり錆色に見えなかったという。飼育下での妊娠期間は66～70日で、1～2頭の子を産む。米国のシンシナティ動物園では、9例の平均が1.55頭だった。出生時の体重は、イエネコより少し小さい60～77g。1頭のメスは生後68週で性成熟した。飼育下の最長寿命は12歳

撮影者 | Pardofelis Photography

マレーヤマネコ

耳が小さく
愛嬌のある顔

湿地の草むらで倒木の枝の上に立ち止まるマレーヤマネコ。英名はその容姿を表現したFlat-headed Cat（頭が平たいネコ）である。しかし、写真を見るとわかるように、映画のエイリアンのように、頭蓋骨そのものがすごく平たいわけではない。口まわりから鼻づらがしゃくるように前に出ているので、頭部全体としては横から見ると、平たくも見える。この風貌がネコらしくないとも、奇妙とも、愛らしいともいわれるゆえんである。イタチやカワウソ、特にシベットに似ているという。確かにシベットは、同じような鼻づらや口先をしている。ただし、シベットは飛び出た鼻も口元も、もっと大きい。熱帯に棲んでいる割に、毛は長く、太くて柔らか。頭部だけ赤っぽい褐色。残りは濃いめの灰褐色で、毛先が白い。歩いている姿は、顔だけ赤く浮いたようにも見える。目の間の鼻筋の両脇にくっきりとした白い縞が額に向かって２本入る。両目の下にも、目の縁にそって白線が流れ、上部で薄くなる。鼻づらから顎、喉、胸は白く、頬もまだらに白い。すべての歯がとがっていて、特に上顎の第一・第二小臼歯が大きく、ふつうのネコの歯ではない。下顎の筋肉を固定する矢状稜（しじょうりょう）がよく発達して、頬骨のアーチも大きい。つまり、恐ろしいほど噛む力が強い。だから、水中でもがく、滑る獲物を逃さない。水中のハンターとして、スナドリネコよりも進化した体の構造といわれる

撮影地｜インドネシア（スマトラ島）
撮影者｜Alain Compost

中央に寄った大きな目と平らな額、低い位置にある小さな耳。これらの特徴によって愛嬌のある顔をもつマレーヤマネコは、東南アジアのマレー半島、スマトラ島、ボルネオ島にのみ生息する。それらの土地の、川や湖の周辺や湿地、湿度の高い低木林など、水に近い環境を好んで暮らす。

野生で目撃された例は少ないが、飼育下での観察より、マレーヤマネコは、積極的に水に入り、時に頭を水の中に突っ込んで魚などを捕らえて食べることが知られている。前足に水かきがあるだけでなく、上顎の大きくて鋭い歯は、水生の滑りやすい獲物をしっかりと捕らえるための進化だと考えられる。その他、ネズミなどの小さな哺乳類や、両生類、爬虫類、甲殻類も食べる。また、鞘が小さく爪が出たままなのは独特な特徴だ。

ただ、前項のサビイロネコ同様に、野生での生態はほとんど不明だ。実際の目撃例が稀なだけでなく、カメラトラップで撮影されることも極めて少ないのである。撮影された数少ない画像の多くは夜間で、かつほとんどが単独で写っているため、夜行性で単独行動をしているのだろう、ということは推測できる。

マレーヤマネコが好む湿地や森林の開発が進み、生息地は急速に失われている。姿が繰り返し確認される場所は、わずかしかなく、絶滅に瀕していることが懸念される。

ボルネオ島の川沿いで獲物のカエルを探す。自動撮影の結果から夜行性で単独行動とされる。飼育下では明け方と日暮れで活動し、夜6～10時と朝8～11時の間が最も活発だった。野生下で捕食した瞬間は撮影されていないが、標本調査では胃に魚、甲殻類が含まれていた。飼育下で水場を用意された子どもは、時に何時間もそこで遊び、水中に頭を完全に沈めて、12㎝の深さから魚の切り身をとり出した。子猫は生きたカエルは捕まえたが、スズメは完全に無視。水場でエサを与えると、数m離れた場所に運んでから食べた。これは水中に獲物を逃さないようにする、水生動物を食べる肉食動物の習性である。飼育下で大人に生きたネズミを与えると、首筋を噛んで殺す。噛んでいる合間に、素早く放り出したり、投げたりを繰り返した。水辺だけでなく、アブラヤシ農園での目撃例があり、ネズミなどのげっ歯類を捕食して、劣悪な環境で生き残っている可能性を示唆する。マレーシアのアブラヤシ農園は、生息地の熱帯林を破壊する最大の脅威となっている

撮影地｜マレーシア（ボルネオ島サバ州メナンゴル川）　撮影者｜Nick Garbutt

マレーヤマネコの分布

DATA

和名	マレーヤマネコ
英名	Flat-headed Cat
学名	*Prionailurus planiceps*
分類	ベンガルヤマネコ系統
保全	IUCNレッドリスト―絶滅危惧種：危機（EN）
体重	オス1.5～2.2kg メス1.5～1.9kg
頭胴長	オス41～61㎝ メス44.6～52.1㎝
尾長	12.8～16.9㎝

勘違いされやすいネコである。ことの始まりは19世紀、このネコを初めて発表した英国の動物学者。ネコなのに、あまりにインドジャコウネコ（*Viverra zibetha*）に似ている、と（思い込んで？）衝撃を受けた。それで名前（種小名）を「ジャコウネコ属（*Viverra*）のようなもの」という意味のviverrinus［ヴィヴェッリヌス］にしてしまった。Viverra［ヴィヴェッラ］とは元々ラテン語で「ケナガイタチ」という意味。ローマ時代からネズミ退治用に家畜化され（ネズミ対策は、もっと可愛いイエネコに取って代わられたが）、今では「フェレット」と呼ばれている動物だ。ふつうのネコより多少、吻（ふん）、つまり鼻づらや口元が突き出しているが、それなら106頁のマレーヤマネコのほうがよほどジャコウネコに似ている。そもそもフェレットからはほど遠い姿形である。それに加えて、和名にも英名にもなっている「魚を捕るネコ」という名前。獲物の名が自分の名になった唯一のネコなのだが、魚をよく食べる野生ネコは他にもいるし、どちらかというと、胸の分厚い筋骨隆々の力強い体格。歯が鋭く、滑りやすい水中の獲物のハンターに特化したマレーヤマネコの体にはほど遠い。なのに、なぜこの名前なのか。さらにはイエネコの2倍ほどたくましい体つきが災いする。実際よりずっと大きく見えるのだ。村人にヒョウと勘違いされる。だから、時々殺されている。ネコなのに、ネコの割には、とどこまでも勘違いされつづける野生ネコなのである

撮影地｜インド（ウッタル・プラデーシュ州ダファー国立公園）
撮影者｜Ben Cranke

スナドリネコ

魚を漁る（すなど）
かなり、でっかいヤマネコ

「スナドリ」とは「漁り」と書く。つまり、魚などを捕ることで、その名の通り、このスナドリネコは、水中に入って魚介類を捕って食べることで知られている。水中で獲物を捕るという点では前項のマレーヤマネコも同じであるが、スナドリネコは、より大きくてたくましい体をもち、パワフルだ。足は短くずんぐりとしていて、尾も短く筋肉質だという。

狩りの方法としては主に、水際で獲物が近づくのを待って、水かきがある前足で掬い取るようにして捕まえるが、泳ぎが上手く、時に水中に入って魚を追いかけることもある。潜って長時間泳ぐこともできるという。

その一方、水中での狩りに特化しているわけではなく、陸上でも、ウサギやシカ、鳥類や昆虫も捕食する。

主な生息地は、ネパール、インドの低地平原地帯やバングラデシュ、スリラン

野生での繁殖は、ほぼ観察されていない。3〜4月に子どもがよく観察されるので、交尾は1〜2月かもしれない、という程度。飼育下の記録のほとんどはフィラデルフィア動物園のもの。妊娠期間は63〜70日で、ふつう1〜3頭(稀に4頭)の子を産み、13例の平均は2.61頭だった。産まれたばかりの子は体重170gほど。生後16日で目を開き、29日で歩き、物の上にも登れた。生後53日で固形物を食べたが、生後6カ月でも母親の乳を飲んでいた。その時の大きさが母親の4分の3ほど、生後8カ月半で母親と同じ大きさに。生後3カ月でハエを追いかけて60cmジャンプしたという。1頭のメスは、生後15カ月で性成熟した。飼育下の最長寿命は12年

撮影者 | Rod Williams

夜行性で単独で狩りをすると考えられている。野生下で採集された9頭の糞の分析調査では、魚が最も多く含まれ、次いで鳥や小型の哺乳類だった。水中からカモやオオバンを襲ったり、アクシスジカや子牛を殺した記録が残っている。前足の一撃でイヌの顎の骨を折り、自分の2倍もあるメスのヒョウを殺したのも間違いない。泳ぎが相当に得意で、潜ったままかなりの距離を水中航行し、尾を舵のように使う。動物園での評判は用心深く、攻撃的。ペットとして飼育した人たちの報告では、多頭飼いをしても(ジャングルキャットのように)エサでケンカすることなく、人にとてもよく懐き、愛情深いという

撮影者 | Terry Whittaker

スナドリネコの分布

カ、ミャンマー。ジャワ島など東南アジアにも個体群が断片的に散在する。沼地、川辺の林、マングローブなど、湿地や水辺を好むが、近年、アジア各国では、そうした場所が急速に人間の居住地や農地へと転換され、スナドリネコを追い詰めている。かつて生息が確認されたのに近年一切見られなくなった場所も多く、地域ごとに絶滅が進んでいると見られている。スナドリネコの体毛は、オリーブ色のような灰色の地に濃い斑点があるが、その毛皮が高く売られることも大きな脅威となっているに違いない。

DATA

和名	スナドリネコ
英名	Fishing Cat
学名	*Prionailurus viverrinus*
分類	ベンガルヤマネコ系統
保全	IUCNレッドリスト—絶滅危惧種:危急(VU)
体重	オス8.5〜16kg メス5.1〜6.8kg
頭胴長	オス66〜115cm メス57〜74.3cm
肩高	38〜40.6cm
尾長	24〜40cm

ベンガルヤマネコ

日本や北方の亜種に比べ
本土熱帯地域の個体は色鮮やか

美しい南方の亜種。体毛の色幅が著しく、南方系の中でも色の傾向が分かれる。東南アジアの大陸側では鮮やかな個体が多く、地色は黄褐色や赤褐色。目立つ模様は黒っぽく無地の斑点からロゼット、小さな斑点までさまざま。ロゼットとは、ヒョウ柄のように黒っぽい輪郭の中に地色より濃い色が塗られた模様のこと。ボルネオやスマトラなどの島嶼部では、全体にくすんだ濃い色になる。額から両肩の間に4・5本の暗色の縞が入り、背に向かって幅が広がり、背の中ほどで斑点に変わる。耳の背面は黒く、白い虎耳状斑(こじじょうはん)が入る。目も体色に似た黄褐色で、瞳孔は縦長の楕円形。名前は豹猫(Leopard Cat)だが、ブラック・レオパード・キャットは発見されていない。ただし、トラのように黒っぽい模様が広範囲でつながった疑似メラニズム(黒色素過多症)は記録されている

撮影者 | Ernie Janes

いまだに毛皮が合法的に取引されている

小柄で華奢で足がすらりと長い。水泳が得意で、マレーヤマネコやスナドリネコのように、指の間に水かきがある。水かきは滑りやすい魚などの獲物を押さえつけるのにも役立つ。腹側や頬、口元、喉、胸にかけて白い。尾の長さは頭胴長の半分以上あり、上面に斑点が入るが、下面は灰色で斑点はない。アジアの野生ネコの中では、飼い慣らすのが最も難しいといわれている

撮影者 | Ernie Janes

最大の死亡原因は人間だ！

野生での繁殖は、ほとんど知られていない。インドでの繁殖が春と夏に限られるなど、季節繁殖するといわれるが、ジャワ島では季節性はなく一年を通して子どもが生まれる。妊娠期間は60～70日で、ふつう2～3頭の子を産む。4頭以上はかなり稀。出産時の巣穴は、倒木の樹洞、茂みの中、岩の間で見つかっている。飼育下では年2回出産するが、野生では年1回の可能性が高い。出生時の体重は75～130gと幅があり、生後10～15日で目が開く。ほとんどの野生ネコと同様に、オスはメスより成長が早い。生後4週で永久歯の犬歯が生えると、固形食を食べ始める。この時期から急速に体重が増え、生後37週で親と同じくらいの大きさになる。出産年齢には諸説あり、人間から隔離してストレスをなくした環境では1歳の直前に性成熟し、生後13・14カ月で初出産した。飼育下での最高寿命は13～15年

撮影者 | Roland Seitre

ベンガルヤマネコは、アジアに生息する小型ネコの中で最も広範に分布する種だ。北はロシアの極東部から、赤道直下のインドネシアまで、東アジア、東南アジア、南アジアの各国に隈なく生息する。気候としては、氷点下の世界から熱帯まで適応し、地域によって体格が大きく変わる。熱帯の個体は体重が1kgに満たない場合がある一方、北の寒冷な地域の個体は7kgを超える場合がある。体つきは小さくきゃしゃで、足が長い。

生息できる環境も幅広い。森林、低木地、沼地、湿地帯などのいずれでも、隠れられる場所があれば生きていけるようである（開けた草原などは避ける）。

夜行性で、主に夕暮れから明け方までに活動し、あらゆる小型の動物を獲物として捕まえる。中でも重要な獲物であるのは、ネズミ類、モグラ、リスといった小型の哺乳類で、他には、鳥類、爬虫類、両生類も食べ、家禽を襲うこともある。狩りが行われるのが目撃されているのは主に地上の、丈の短い茂みのある場所だが、木登りが得意なゆえ、樹上で狩りをすることもあると考えられている。

一方、このベンガルヤマネコは、同じベンガルヤマネコ系統に属するマレーヤマネコ、スナドリネコの2種と同様に水を好み、水中の獲物を捕まえるのも得意である。前足には水かきをもち、獲物を滑らずに捕獲できるし、泳ぎもうまく、水の中でくつろいで過ごすことがあるほどだ。ちなみに、そのように水を好み、水中で獲物をとったりできるのは、小型ネコでは、この3種だけとされる。

基本的に単独で行動し、固定的な行動圏をもつという点で、ネコ科動物の典型的な行動パターンに一致する。尿マーキングや地面掘りも行う。

適応力が高く、前記の様々な環境に加え、人間の近くでも生息することができるため、多くの生息地では、野生ネコとして最もありふれた存在にもなっている。ただ、それゆえか、アジアのネコ科動物の中で、ベンガルヤマネコだけは毛皮目的の狩猟が合法とされている。そして狩猟が大量に行われているのが、個体密度が比較的低いところであるために、地域によっては個体が減りすぎることも懸念されるが、狩猟の影響がどのように出ているのかは明らかになっていない。

ベンガルヤマネコは、最大12の亜種に分類されるが、その分類は確かではなく、再検証が必要であるともいわれる。現在は、アジア本土熱帯地域に棲む個体に対して、北部の方に棲むアムールヤマネコ（次項目）を亜種として区別するのが一般的だ。沖縄の西表島に生息するイリオモテヤマネコも、アムールヤマネコに分類される。

一方、インドネシアのスマトラ島、ジャワ島などに棲むベンガルヤマネコの個体群は、独立した種であろうことがわかってきているという。

泳ぎの名手で木にも軽々と登る暗闇の万能ハンター

インドとバングラデシュにまたがる世界最大のマングローブ天然林「シュンドルボン」。ベンガル語で「美しい森」を意味する。ガンジス川のデルタ地帯で、数千の川や入り江が複雑に絡みあう。泥が堆積してぬかるんだ湿地帯の夜をひとり歩くベンガルヤマネコ。生息地が幅広いだけあって、完全な夜行性から、昼も夜も動き回る周日行性まで、行動パターンもさまざま。トラなどの捕食者や人間、狩りのしやすさによっても変わる。タイの発信機をつけた調査でも、昼も夜も同じほどの活動量で、フワイ・カーケン野生生物保護区では正午頃が活動のピークだった。逆にボルネオ島北部では主に夜行性で、雨期になると日中に活動した

撮影地｜バングラデシュ（シュンドルボン）　撮影者｜Tim Laman

毎年やってくるモンスーンによって川は氾濫し、平坦な下流域に氾濫原が広がる。そこは2006年にキナバタンガン自然保護区に指定され、アブラヤシ農園のために生息地を失った希少動物たちの避難所となっている。ボルネオ島で随一の野生動物の宝庫である。その一角、水系森林の木の上で休むベンガルヤマネコ。大陸系の鮮やかな体色とは異なり、ボルネオ島の個体は全体に色が濃い。地色はくすんだ赤褐色から濃い褐色まで幅広く、斑点は小さい。写真のように泳ぎだけでなく、木登り名人でもある。動物園でも巣箱ではなく、木の枝の端で眠る姿が観察されている。しかし、樹上での狩りの観察例は少なく、主に地上で狩りをする。ボルネオ島のタビン野生動物保護区で行われた糞の内容物の調査では、9割がネズミで、そのほか爬虫類や両生類が多かった。飼育下ではネズミの首を噛んで殺すが、実験では視覚だけでなく、ヒゲなど洞毛(どうもう)と呼ばれる触毛と視覚を組み合わせて獲物を捕獲していた

撮影地 | マレーシア(ボルネオ島サバ州キナバタンガン川)
撮影者 | Nick Garbutt

ベンガルヤマネコの分布

DATA

和名	ベンガルヤマネコ
英名	Leopard Cat
学名	*Prionailurus bengalensis*
分類	ベンガルヤマネコ系統
保全	IUCNレッドリスト―種全体としては「低懸念(LC)」だが、亜種とされる沖縄のイリオモテヤマネコは「絶滅危惧種:深刻な危機(CR)」、フィリピンなどに生息するVisayan leopard catは「絶滅危惧種:危急(VU)」
体重	オス0.74(南部熱帯島しょ)~7.1kg(ロシア極東部)、メス0.55~4.5kg
頭胴長	オス43~75㎝、メス38.8~65.5㎝
肩高	30㎝(体重3~5kgの場合)
尾長	17.2~31.5㎝

アムールヤマネコ

北方のベンガルヤマネコは
南より10倍以上大きい

アムールヤマネコは、アジアに広く分布するベンガルヤマネコのうち、分布域の最北となる極東ロシア、中国東北部、朝鮮半島などに生息する亜種である。アムール川流域や海岸付近の林など、水の近くを好み、木登りがうまい。

野ネズミなどのげっ歯類を食べるのは、南方のベンガルヤマネコ同様であるが、ロシアではノロジカなどの有蹄類の子どもを襲ったという記録がある。外見は寒冷な環境に適した特徴を備えている。

体重は他の地域のベンガルヤマネコより重く、最大7kg近くにもなる。体毛は灰褐色でぼんやりした斑紋をもち、雪景色の中に溶け込みやすい。また、胴体から尾まで、毛が長くて密生しているのは保温のためだろう。額から頭頂にかけて黒と白の縦縞があるのも特徴的だ。

一方、生息地や環境も異なるが、アムールヤマネコと同じ亜種とされているのが、長崎県の対馬に生息するツシマヤマネコだ。このヤマネコは、生息環境の悪化などで個体数が減り、現在100頭前後が残るのみと推定されている。

そこで、東京の井の頭自然文化園では、アムールヤマネコの人工繁殖手法を確立することで、同亜種であるツシマヤマネコの保護増殖を実現しようという取り組みを始め、2014年にはアムールヤマネコの人工授精に成功した。遠い昔に隔たれた仲間の増殖に貢献できるか。アムールヤマネコと人間の挑戦である。

アムールヤマネコ

英名― Amur leopard cat / Amur forest cat
学名― *Prionailurus bengalensis euptilurus*

ロシアの2月。極東の沿岸に棲むアムールヤマネコが、耳にかかった枯れ葉をリボンのようになびかせ、葦原を飛ぶ。名前のようにアムール川流域をはじめ河川、河谷、森林の渓谷に生息し、写真の沿海地方などの沿岸も好む。日本で長崎県対馬に棲むアムールヤマネコをツシマヤマネコと呼ぶように、ロシアでは「アムール・フォレスト・キャット」と呼んで、地域の独自性のある種として強調する。生物学のベルクマンの法則により、同種であれば寒冷な地方に生息する個体のほうが暖かい地方の個体よりも大きくなる。体が大きいほど相対的な表面積が減少して、体の熱の損失が少なくなるからだ。それゆえベンガルヤマネコも、南方の亜種より北方の亜種アムールヤマネコのほうが大きく、特に最北の極東ロシアの個体群が一番大きくなる。最大で7kgほどだ。丸い耳は小さく、目も南方亜種より小さい。これをアレンの法則という。暖かい南方では熱を発散しやすくするため耳や目などが大きくなり、寒冷な北方では熱の発散を抑えるため小さくなる。体の突出部のひとつ、足も小さくなり、アムールヤマネコはその幅も狭い。深い雪の中を歩くのが苦手なため、極東ロシアでは積雪が10㎝未満の地域にだけ棲んでいる。生息地域が制限されるので、ロシアの生息数は元々多くはない。それでも、その毛皮は中国に輸出されている。帽子や服の裏地に使うためだ。ピーク時で年間1,000～2,000頭が毛皮にされていたが、最近では100～300頭に減ったという。これは保護が進んだ良い傾向なのか、それとも絶滅へ向かう悲しむべき傾向なのか。実際にその生息地域は縮小しつづけており、生息数も急激に減少。「アムール・フォレスト・キャットは簡単に、それも完全に消える可能性があります」とロシアの動物学者は述べている。なお、井の頭自然文化園では2000年8月からアムールヤマネコの飼育を開始。2014年3月には人工授精による出産に成功したという

撮影地｜ロシア（極東ロシア沿海地方ウラジオストク）
撮影者｜Valeriy Maleev

日本のヤマネコ

深い森におおわれた小さな島々。
そこには太古からの野生ネコが棲んでいる

日本に野生ネコは2種類いる。イリオモテヤマネコとツシマヤマネコだ。その2種とも、ベンガルヤマネコである。そこに異論はない。ところが、残念ながら2種とも、遺伝子分析の結果、同じ亜種アムールヤマネコになってしまった。独自の種を主張した日本のイリオモテとロシアのアムール。亜種としての名前「iriomotensis（イリオモテンシス）」は、今のところ生物学のメインストリームにはなっていない。それでもニホンオオカミとエゾオオカミという野生イヌが絶滅した日本で、野生ネコが2種も生き残っているのは素晴らしいことだ。イリオモテヤマネコの祖先は台湾から西表島に、ツシマヤマネコの祖先は朝鮮半島から対馬に、それぞれやってきた。孤立化した島で島嶼化して、大陸などより餌動物も少ないため小型化など独自に進化した。特にイリオモテヤマネコは、他のベンガルヤマネコには見られない独特の色柄となった。なぜ生き延びたかは、伊澤雅子教授（琉球大学）らの研究に詳しいが、一言でいうと「こだわらずに、いろんなエサを食べてきたから」。野生ネコは主に小型哺乳類、特にネズミを食べる（だからイエネコがいる）。現在の主食クマネズミは、人間が持ち込んだ外来種。西表島にげっ歯類はいなかった。だから、コウモリをはじめ鳥、トカゲ、ヘビ、カエル、コオロギ、エビ、カニまで何でも食べた。東南アジアのベンガルヤマネコは、カエルなんてまず食べない。食べ物のレパートリーの豊かさこそが生き延びた理由のひとつ。もうひとつがまさに、湿ったアジアのモンスーン気候であり、水とともに生きたアジアの小型野生ネコの生き方そのもの。照葉樹林に覆われた深い森の奥に生きなかった。それゆえ、オオカミと違って絶滅の道を歩まなかった。この頁の写真は、それを表している。水とともに生きた。山奥の哺乳類を追わず（追えず）、餌となる生き物が集まる沢沿いなどの水辺に生活の拠点を置いたのだ。アムールヤマネコの名がアムール川に由来するように、水辺に未来を見た。そう、もうひとつの生き延びた理由とは、山奥にこだわらなかったから。でも、その豊かな水辺は、沖縄でも珍しい豊かな山々がもたらしたもの。だからこそ、水の豊かな島、西表島だけに野生ネコが生き延びたのではないか。実は日本の野生ネコは、この2種以外にもう1種いた。あまり知られていないが、オオヤマネコ（28頁）の仲間（lynx属）である。北海道から九州まで日本列島に広く分布し、縄文時代の晩期に絶滅したようである。絶滅の理由は謎のまま

撮影地｜日本（沖縄県西表島）　撮影者｜アフロ

日本に生息するヤマネコは、前項で紹介したツシマヤマネコと、沖縄県八重山諸島の西表島に棲むイリオモテヤマネコの2種のみである。

長崎県の対馬に生息するツシマヤマネコは、前述（115頁）の通り、アムールヤマネコと同一の亜種であり、その中の、対馬に棲む地域個体群とされる。その祖先は大陸から朝鮮半島を経て対馬に至った。約3万年前に、朝鮮半島の個体群から分岐したと考えられている。毛が長く密生し、灰褐色でぼんやりした黒斑をもつ外観もアムールヤマネコと同様である。加えて、少し下ぶくれの顔にくりっとした目が特徴的だ。

生息環境としては広葉樹林、山腹斜面、水辺、田畑などを好み、メスの場合は、こうした環境を1kmから2kmほどの範囲で動きまわる。オスの行動圏はもっと広く、特に繁殖期にあたる冬にはメスの7、8倍にまで拡大することもあるという。獲物は、ネズミやモグラなどの小型哺乳類、鳥類、爬虫類、両生類、昆虫と多岐にわたるが、夏場は主に昆虫類、冬場にはカモなどの水鳥が多くなることが糞の分析より明らかになっている。

一方、同じく一島だけの隔離された環境に生息するイリオモテヤマネコは、1967年に新種として認められたが、近年の遺伝子分析の結果、現在は、ツシマヤマネコ同様、ベンガルヤマネコの亜種に分類される（日本は独自の亜種を主張している）。ただし、その祖先は朝鮮半島から渡ってきたのではなく、約9万年前に台湾のタイワンヤマネコから枝分かれした。西表島が大陸から分離したのは24万〜2万年前である。

鼻づらが太いなど原始的なネコの特徴をもつイリオモテヤマネコは、主に山麓から海岸にかけての低地に棲み、トカゲやヘビ、カエル、コウモリ、鳥類、昆虫など様々な動物を捕食する。さらに水生の甲殻類も食べるし、水に潜って魚類を捕ることもある。世界で最も狭いともされる分布域で、このネコ科動物が生き延びてこられたのは、西表島が、世界でも稀なほど生物多様性に富むと同時に、それを生かせるようにこのヤマネコが独自の進化を遂げることに成功してきたからであろう。

このように、それぞれ島の環境に適応して生きてきた両ヤマネコであるが、近年、生息環境の減少を主な原因として、ともに個体数を大幅に減らしている。現在、ツシマヤマネコもイリオモテヤマネコも、個体数は100頭程度が残るのみだという。両者とも、国の天然記念物に指定され（イリオモテヤマネコは特別天然記念物）、保護の対象になっているものの、減少傾向は止まっていなく絶滅が懸念されている。

両ヤマネコともに人間も暮らす狭い領域に生息するため、交通事故で死亡するケースなども少なくない。

上｜**イリオモテヤマネコ**

英名— Iriomote cat
学名— *Prionailurus bengalensis iriomotensis*
保全— 環境省レッドリスト―絶滅危惧IA類(CR)
体重— オス4.01±0.48kg・メス3.03±0.25kkg
頭胴長— オス580.13 ± 26.73mm・メス 527.56 ± 24.10mm
尾長— 23〜24cm

体色はかなり濃く、全体に黒っぽい。黒灰色の顔色もあって、顔が細く、目鼻立ちがくっきりした印象を受ける。暗褐色の斑紋も腹部以外あまり目立たない個体もいる。交尾期は2〜5月、4〜7月に1〜2頭の子を産む。生息数は100〜109頭で、減少傾向にある

撮影地｜日本(沖縄県西表島)　撮影者｜アフロ

下｜**ツシマヤマネコ**

英名— Tsushima leopard cat
学名— *Prionailurus bengalensis euptilurus*
保全— 環境省レッドリスト―絶滅危惧IA類(CR)
体重— オス3.55±0.43kg・メス3.15±0.40kg
頭胴長— オス569±41.09mm・メス523.27±32.46mm
尾長— オス245mm・メス224mm

ツシマヤマネコはイリオモテヤマネコと異なり、朝鮮半島や極東ロシアの個体群（114頁）と大きな違いは見られない。写真は対馬の自動撮影カメラがとらえた野生の子ども。体色はやや薄いものの、ツシマヤマネコの特徴をよく表している。地色は少し薄めの灰褐色で、はっきりしない暗褐色の斑点が散らばっている。目頭の下から頭の後ろにかけて、2本の黒い縞が走る。その内側の白い縞は、平行して頭の後ろまでつづいている。耳は小さめ、耳先は丸く、裏側に白い虎耳状斑（こじじょうはん）があって、イエネコと区別できる。ネズミなど小型哺乳類が主食。1〜3月に交尾して、4・5月に1〜2頭（稀に3頭）の子を産む。飼育下の妊娠期間60〜68日。子どもは6〜7カ月で親から離れて独立する。生息数は公式表現として「70頭または100頭弱。減少または一定」とされているが、ここ数十年では激減

撮影地｜日本(長崎県対馬)　撮影者｜対馬野生生物保護センター

ジャングルキャット

大きな野生のイエネコ系統

名前からのイメージとは反対に、ジャングルキャットは、いわゆる熱帯雨林のジャングルには生息せず、沼や湖などの水辺の、丈の高い草が生い茂るような場所を好む。乾燥した森林や草地にも生息する。分布域は、アフリカ北東部、西アジアから南アジア、東南アジアと、東西方向にベルト状に広がっている。

イエネコ系統に含まれ、人間とは古くから関わりをもってきたとされる。エジプトのピラミッドの中で見つかったネコのミイラの中には、ジャングルキャットと推定されるものも見つかっている（ただし190体中3体のみ）。現在も人間がいる環境によく姿を見せる種だ。

昼も夜も活動し、げっ歯類や小型の哺乳類を中心に、爬虫類や鳥類、魚やカエルなど、様々な動物を捕食する。その際、茂みの中の獲物にアーチ状のジャンプで跳びかかったり、低空飛行している鳥を高いジャンプで捕まえたりする。足が長いのは水のある湿地への適応であると考えられるが、こうした狩りの際にも生かされている。顔、足、尾にだけ縞模様があるのが特徴的だが、これは成長とともに徐々に目立たなくなるようだ。

左｜赤ちゃんの体毛をよく見るとわかるように、細い縞模様が入っている。まもなく消えるが、右の写真のように大人になっても足の部分に残っていることが多い。三角形の耳先には黒い飾り毛が生えている。大人になると右の個体のように目立たなくなったりする。トラの真っ白な虎耳状斑（こじじょうはん）ほどではないが、耳裏に明るい淡色の斑点があって、これは野生ネコである証のひとつ。口先まわりが真っ白なのも本種を見分ける特徴だ。繁殖期は地域によって異なり、記録の多い中近東やロシア南部などの北方の生息地では、主に11〜2月に交尾し、12〜6月に出産する。日本では大阪市天王寺動物園が初めて繁殖に成功しており、飼育下では2〜4月に繁殖し、66日の妊娠期間後に2〜5頭の子を出産した。妊娠期間は63〜66日、産仔数はふつう2〜3頭（ごく稀に6頭）とする報告も多い。母親の授乳は生後90日以上続き、8〜9カ月で独り立ち、11〜18カ月で性成熟する。育児は母親のみで、父親は縄張りを守る程度。飼育下での寿命は平均15歳ほどで、20歳まで生きた個体もいる。野生での寿命は5.2歳とする短い記録と、12〜14歳とする長い記録がある

撮影者｜Arco / G. Lacz

右｜インド北西部にあるブラックバック国立公園は、その名の通りインドカモシカとも呼ばれる美しいブラックバックを保護するために設立された。小さな国立公園ながら草原や湿地が広がり、南は海にもつながって、大潮になると海水が湿地に流れこむ。珍しいインドオオカミやシマハイエナなど、多くの野生動物が安全に暮らしており、ジャングルキャットもそのひとつだ。ジャングルの語源はサンスクリット語で、「未耕地」を意味し、本来インドでは枝が絡み合った「茂み」を指す。ジャングルキャットもまた密林でなく、丈高い草原や葦原、湿地、海辺など、水の豊かな茂みを好む。別名の「沼地のネコ（Swamp Cat）」や「ヨシ原のネコ（Reed Cat）」のほうがふさわしい。オスは16kgに達する個体もいて、イエネコ系統の中でもひときわ大きい。ほっそりした長い足をもち、尾は逆に短い。写真のように、体色は同グループで唯一の無地で、家猫のアビシニアン（175頁）に似ている。昔からアビシニアンの原種説があって、研究者も調査したが、頭骨など重要な部分がまったく似ていなかったので、その説は立ち消えとなった。ところが、近年の遺伝子解析から、アビシニアンはインド洋沿岸などで進化したことが判明したため、起源説の再燃となるかが注目される。本種はアビシニアン同様、身体能力が高くて狩りの名人だ。垂直にジャンプして頭上を飛ぶ鳥をキャッチしたり、ネズミに飛びかかるときアーチを描いて長いジャンプもする。水にもぐって魚や水鳥を捕らえるのも得意だ。インドやパキスタンではメラニズム（黒色素過多症）の黒い個体がよく見られ、白変種という目の赤くない白い個体も報告されている

撮影地｜インド（グジャラート州ブラックバック国立公園）
撮影者｜Ronald Messemaker

ジャングルキャットの分布

DATA

和名	ジャングルキャット
英名	Jungle Cat
学名	*Felis chaus*
分類	イエネコ系統
保全	IUCNレッドリスト―低懸念（LC）
体重	オス5〜12.2kg、メス2.6〜9kg
頭胴長	オス65〜94cm、メス56〜85cm
肩高	27〜40cm
尾長	20〜31cm

アジアゆかりのイエネコ

アジアに生息する野生ネコやアジア独特のイエネコたちは、西洋人の手により、純血種として西洋的に品種化された

ジャングルキャットのハイブリッド

チャウシー

英名 — Chausie
起源 — 現代（1995年）　原産 — 米国（フロリダ州）　体重 — 5.5 ～ 10kg

野生ネコのジャングルキャット（118頁）とイエネコとの交配で生まれた。ジャングルキャットは、リビアヤマネコなども属す野生種のイエネコ系統で最大種。名前のような熱帯密林には棲まず、丈高い草原や葦原、湿地に棲む。インドやインドシナ半島の農村に棲むイエネコは、ジャングルキャットに非常に似ていて、交雑も進んでいるとされる。古代エジプトの猫のミイラはリビアヤマネコだが、そこにジャングルキャットも混じっていた。このような背景もあり、野生種のハイブリッドでもイエネコ品種として公認されたのだろう。ただし、ふつうのイエネコ並みとなる4世代目以降が条件である。名前は学名（種小名）「chaus（カウス）」の英語読み（チャウス）に由来し、「オオヤマネコのような動物」を意味する意味するラテン語（現代ラテン語ではchama＝ヤマネコ、という）。ジャングルキャットは当初、オオヤマネコの仲間と考えられていた

撮影者 ｜ Tania Wild

どこまで進む？
家猫ベンガルの
色と柄の変化

ベンガル

英名ー Bengal
起源ー現代（1980年代）　原産ー米国
体重ー 5.5 〜 10kg

ベンガル（6〜9頁）は、野生ネコのベンガルヤマネコ（110〜117頁）とエジプシャンマウ（13頁）などイエネコとの異種交配によって生まれた。1986年に世界最大級の猫種登録団体TICAで新種として公認され、現在では世界で最も頻繁に展示会が開催される猫種のひとつ。同団体の基準では、模様はスポット（斑点、もしくは豹柄のようなロゼット模様）とマーブル（大理石模様）の２種類だけが認められる。マーブルは渦巻き模様のクラシック・タビー（日本で「雲型模様」とも訳される。165頁）に似ているが、円形ではなく、長方形で、胴体の長さ方向に広がっているとされる。スポットは、さまざまな形はあるものの、不規則に並んでいるか、体全体に水平に並んでいる必要がある。地色はシルバーからオレンジ色、金色まで見られる

上｜ スノーのロゼット柄

スノーベンガルやスノーレパード（雪豹）とも呼ばれる。雪のような白が地色になっている。シャムと交配させて、その被毛を取り入れたとされる。スノーの両親からブラウンの子は産まれない。生まれたばかりは真っ白であることが多く、成長とともに模様がはっきりする

撮影者｜tom malorny

中上｜ スノーのマーブル柄

シール・ミンク・マーブルドタビーとされる。シールはアザラシなので茶色系、ミンクは薄い色と濃い色のコントラストがあまり強くないもの。白っぽい地色に、淡い茶色系の大理石模様が入ったもの

撮影者｜Kutikova Ekaterina

中下｜ 雲型のようなブラウンのマーブル柄

大理石に馴染みのない日本人にとって、マーブルは少しわかりにくい。やはり伝統文様にある雲型のほうがイメージしやすい。ベンガルの場合、いわゆる渦巻き模様というより、流れるような雲の模様を求めるようだ。特に稲妻形が好まれるという

撮影者｜Chris Brignel

下｜ シルバーのロゼット柄

シルバーは2004年にスタンダードカラーとして認められた比較的新しい毛色。濁りのない透明感のある淡いシルバーに、黒い模様が独特の雰囲気を醸し出す。シルバーと黒のコントラストが強いものが好まれるという。アメリカンショートヘア（68頁）との交配により、そのシルバー・タビー遺伝子を取り入れたもの。シルバーでも、煙を薄く重ねたようなスモークカラーもある

撮影者｜Seregraff

ポンポンしっぽ。短尾猫たち

上 | ジャパニーズボブテイル

英名— Japanese Bobtail
起源— 古代、近世（江戸時代）　原産— 日本
体重— 2.5～4kg

ポンポン（飾り玉）のような短尾が可愛い。日本に短尾猫が生まれたのは江戸時代。長い尾は気味悪く、年をとると二股に裂けて化けると思われたから、長尾猫が消え、短尾猫が生き残った。最古の日本猫は長崎県壱岐島から発掘された2500年前の猫。昭和にたくさんやってきた輸入猫と交雑して、純粋な日本猫が残されているのか誰も知らない。短尾猫は30年前の全国調査で4割、20年前の調査で3割にまで減少。純粋種は1968年に3頭の短尾猫を日本から取り寄せ、品種として保存した米国にはいるはず

撮影者 | Gerard Lacz

下左 | クリリアンボブテイル

英名— Kurilian Bobtail
起源— 中世～近世　原産— 千島列島
体重— 3～4.5kg

名前は原産地である千島列島の英名「kurile Island」に由来する。だからクリルアイランドボブテイルの別名をもつ。列島は、北方領土を含む日本の北海道北東部とロシアのカムチャツカ半島南端の間に位置する。オホーツク海と太平洋を隔てるように点在する島々で生まれた。突然変異の短尾猫が孤立した島で進化したという。野性味あふれ泳ぎと狩りが得意で、浅瀬で魚も捕る。ジャパニーズボブテイルとは、遺伝子が似ているため、同じ祖先をもつのではないか、と推測する筋もあるが定かではない

撮影者 | アフロ

下右 | メコンボブテイル

英名— Mekong Bobtail
起源— 古代　原産— 東南アジア
体重— 3.5～6kg

日本、北方につづく南方の短尾猫、それがメコンボブテイル。名前はラオスやカンボジア、ベトナムなどを流れるメコン川に由来する。出自は伝説に彩られており、謎が多い。シャム（現在のタイ）の寺院で飼われていたとか、王家の寵愛を受けていたとか。猫種のシャムのカラーポイント、ポンポン短尾、それに輝くような青い目が特徴である。ポイントとは薄い地色に、顔や耳、足先、尾先など体の先端が濃くなっているもの。2004年にロシアで育種が始まり、東欧やドイツなどで育成されている

撮影者 | Seregraff

タイ王国の白い宝石

カオマニー

英名ー Khaomanee（Khao Manee）
起源ー 古代　原産ー タイ　体重ー 2.5～5.5kg

門外不出の王室の猫とされ、1990年代に米国が輸入するまで、タイ以外で見ることはできなかった。名前はタイ語で「白い宝石」を意味する。タイで最も古い猫の文献タムラ・メーァウ『Tamra Maew（猫の詩）』にも登場する。アユタヤ王朝時代（1351～1767年）にある高僧が書いたもので、カオプロートの名で「透明な水銀の瞳（ダイヤモンドの瞳の意ともされる）をもった純白の猫」と紹介している。その瞳は王宮という孤立した世界で片方が青、もう片方が黄から緑までのオッドアイに変わり、定着していった

撮影者 | Wanida boon

タイ、ミャンマーに古代から棲むイエネコ

左｜ バーマン

英名 — Birman
起源 — 古代　原産 — ビルマ（現ミャンマー）
体重 — 4.5 ～ 8 kg

東南アジア原産でなにゆえ長毛？ いえ、欧米人は気にしない。日本猫、ジャパニーズボブテイルにも長毛を公認している。さて、真贋はさておき、古代ビルマ（現ミャンマー）の僧院にいた聖なる猫が祖先であるという。神の使い白猫のシンは、鼻、耳、四肢、足先、尾が不純な大地に触れたため茶色に染まった。しかし死の間際に見つめていた女神のサファイアブルーの瞳を受け継ぎ、高僧の白髪を触れたことで足先は清浄の白になった。体色は女神の髪の色を映して金色の霧がかかった。という伝説なので、姿がこの通りでないといけない。特にスノーシュー（77頁）のような白い足先は実現が難しい。前足をグローブ（手袋）、後ろ足をレースと呼び、すごく細かな規定がある。フランスに輸出された妊娠中の１頭のメスに始まり、その子をシャムと異種交配させた。第二次大戦で絶滅の危機に瀕し、さらにシャムとペルシャが交配された。このあたりが現在の容姿を形づくったのだろう

撮影者｜Jane Burton

下｜ コラット

英名 — Korat
起源 — 古代　原産 — タイ　体重 — 2.5 ～ 4.5 kg

タイの近代を代表する偉大なる王、ラーマ５世が「この可愛い猫の故郷は？」と聞くと「コラート地方です」（タイ北東部ナコーンラーチャシーマー県の略称）。これでコラットの名前が決まった（この王は123頁のカオマニーを王宮で飼うことを決めた王）。アユタヤ王朝の文献（123頁）に「毛は滑らかに根もと雲にして先は銀色。目は蓮葉の露に輝く」とある。ロシアンブルー（44頁）似でも、毛先は細く黒色素が入らず輝くシルバーブルー、瞳は8月の誕生石ペリドット色の緑と、ひと味違う。シルバーの毛先が幸運を、緑の目が豊かさをもたらす

撮影者｜BIGANDT.COM

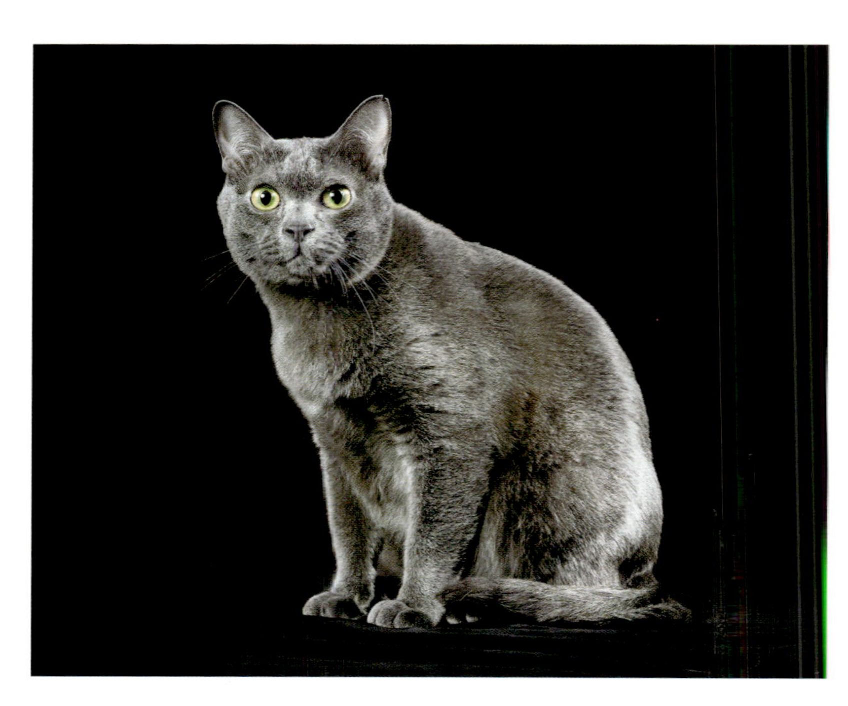

世界が愛する シャムと近縁3種

上 | イエネコの本家本元──

シャム

英名─ Siamese
起源─古代　原産─タイ　体重─2.5～5.5kg

シャムには、3つの名前と2つの体型(=猫種)がある。タイ国の古代種とされるが、1950年代から欧米の育種家により究極に細い容姿に変えられ、原種とは違う写真のような姿になった。元の容姿は左頁の猫種タイが近い。これが2つの体型。だから名前はシャムとタイの2つ。それに英語発音のサイアミーズ(Siamese)が加わる。タイ国の旧名でもある「シャム」の名は、元はマレー語Siyămをポルトガル人がSiãoとし、Siamと広まった。「色黒の」を意味する貶称であり、国名は「自由な」という意味の「タイ」に変更された

撮影者 | Shattil & Rozinski

右 | シャムの長毛種──

バリニーズ

英名─ Balinese
起源─近現代　原産─タイ、米国　体重─2.5～5.5kg

出生が不明な不思議な猫。長毛のシャム。ただそれだけなのに、謎に包まれた猫種である。ロングヘア・シャム(Longhaired Siamese)の名がシャムの繁殖家の反対で登録できなかった。名前の由来は、仕草がバリ島伝統のダンサーみたいとの理由から。さらに関係のないジャワ島を意味するジャバニーズの名も公認団体に登録されている(Jave=ジャバ)。西洋が近現代に東洋を認識するレベルは、この程度。最初から長毛種が存在したのか、存在しなかったなら、どの長毛猫種の血を取り込んだのか。すべて謎だ

撮影者 | Jenn Ferreira

左 | ぶっといシャム？ 真のシャム？

タイ

英名 — Thai
起源 — 古代　原産 — タイ　体重 — 2.5〜5.5 kg

体は白っぽく、顔や耳、足先、尾先など体の先端が濃い色。イエネコでは、ポインテッド、カラーポイントと呼ばれる。この「タイ」もその一種だ。野生ネコには存在しない柄を欧米人が好むのか、奇跡のように生まれたシャムのポイント柄を好むのか。本種は品種改良でスリムになりすぎたシャムを元の容姿にしようとしたもの。なお、体の先端が濃いカラーポイントは、野生ネコでは見られないが、イタチ科のオコジョの換毛期に見られ、純白の毛が春先になると頭部や足先だけ茶褐色に変わる。地色は茶だが、イヌ科のオオミミギツネもポインテッド

撮影者 | Minerva Stucio

下 | 300色以上のシャム系——

オリエンタル

英名 — Oriental
起源 — 近現代　原産 — タイ　体重 — 2.5〜5.5 kg

シャムとは何か。そこにイエネコとは何かの答えがある。シャムには呼び名や体型、毛の長さで「シャム」「タイ」「バリニーズ」「ジャバニーズ」の4つの名前がある（右頁参照）。さらに体色で「カラーポイントショートヘア」、そしてこの「オリエンタル」が加わる。野生ネコの毛の色には、「無地」と「柄」の2タイプしかない。イエネコには、もうひとつ、C遺伝子（色：color由来）の変異による毛色の変化「ポイント」がある。欧米人はポイントを重視して品種を考える。体は薄い色で、顔や耳、足先、尾先など体の先端が濃い色。だから「シャム」にはポイントの色で4種、「カラーポイントショートヘア」は16種、そして無地色もOKのオリエンタルだと300種以上いることになった

撮影者 | Colin Seddon

古代種から生まれた

バーミーズ

英名— Burmese
起源— 古代、近代(1952年)
原産— ビルマ(現ミャンマー)、米国、英国　体重— 3[illegible]～6.5kg

Burmeseは「ビルマ(人)の」を意味する英語である。バーミーズの祖先(原種)はビルマ(現在のミャンマー)やタイなど東南アジアの国々に古くから存在したといわれる。タイで最も古い猫の文献タムラ・メーァウ『Tamra Maew(猫の詩)』にも登場する。アユタヤ王朝時代にある高僧が書いたもので、コラット(124頁)やシャム(126頁)と明確に区別された猫種。それがカッパー(銅色の目)の「トンダエン」だ。その子孫となる種とシャムを交配させて、米国と英国で生まれたのが現在のバーミーズ。なお、ヨーロピアン・バーミーズは別品種として公認されている。写真は子猫

撮影者｜Chris Brignell

シャムとアジア古代種のハイブリッド

約1万年前、中東の肥沃な三日月地帯で生まれたイエネコたちは、アジアにも広がっていった。メソポタミア地方からインドを経て中国へ陸路、海路で旅をした。パキスタンに4000年前、インド・中国に2000年前に到達。日本には2100〜2200年前に現れる、とここでつじつまが合わなくなる。

日本最古のイエネコの記録は9世紀の『日本霊異記』、続いて『寛平御記』。その後11世紀初頭の『枕草子』や『源氏物語』など、平安時代の書物にたびたびイエネコが登場することから、8世紀頃に遣唐使が大陸から連れてきたという説が定説だった。しかし、兵庫県の見野古墳(6世紀末)から発掘された陶器に、イエネコの足跡が見つかった。さらに弥生時代中期の遺跡、長崎県壱岐島のカラカミ遺跡から飼われていたと思われるイエネコの骨が発見され、定説が覆された。

中国では特に明朝(1368〜1644年)の歴代皇帝に大事にされ、イエネコ専属の宦官の世話により、贅沢三昧の暮らしを満喫できたという。宮廷画家による猫肖像画も数多く残されている。

世界の多くの純血種に、アジアで最も貢献したのがタイやビルマ(現在のミャンマー)で生まれた3つの古代種たち。2種が「シャム(現在のタイ)王室の猫」として知られるシャム(126頁)とコラット(124頁)だ。アユタヤ王朝(1351〜1767年)時代に書かれた書物『猫

バーミーズ×シャム

トンキニーズ

英名—Tonkinese
起源—現代（1971年）　原産—カナダ、米国
体重—2.5～5.5kg

人種の壁を超える島、トンカニーズ。最初はこのミュージカル『南太平洋』に登場する理想の島の名だった。しかし当時、原産地名を猫名にすることが多く、インドシナ半島のトンキン地方、もしくはベトナムのトンキン湾が由来だと勘違いされ、そのまま名称として登録されてしまった。品種として確立したバーミーズとシャムの混血種であるため、公認には紆余曲折があったようだ。東南アジアでは数世紀も前からバーミーズとシャムの自然交配が行われていたので、その面では古くからの種を再生させたともいえる。アクアブルーの目が美しく、理想とされる。写真はブルー・タビー・ミンク（セピアより薄い地色に青みがかった灰色柄）のオスの子猫

撮影者｜Chris Brignell

の詩』にも明記されている。もう1種が「ビルマの聖なる猫」と呼ばれた伝説の猫バーマンである（125頁）。

　これらの3大古代種をはじめアジアのイエネコは独自の進化を遂げた。西洋や中東、アフリカとは完全に隔離された環境で、独特な毛の色柄や体型、形質を獲得したという。アジアのグループで、遺伝子の構成が集団で変化して、集団に定着した。これを「遺伝的浮動」という。

　アジアに古くから独自の猫種が存在していたことは、DNA解析でも証明された。ヨーロッパとアジアのイエネコのDNA配列の違いが調べられ、その結果は双方が700年以上にわたって独自に進化してきたことが明らかにされたのだ。

　しかし、このアジアのイエネコに掲載している猫種たちを品種として確立させたのは欧米の育種家たち。シンガプーラにいたっては、シンガポールで野良猫暮らしをしていたものを品種化したもの。

　欧米の育種家や研究者は、自然発生的に現れた特性を保持するよう努力した結果が品種とするが、果たしてそうだろうか。ジャパニーズボブテイルにしても、その長毛種が公認されているが、日本にそのような猫が存在しただろうか。世界の純血種として代表的なシャムやペルシャも年代によって姿形が変わっているのだ。ここに取り上げた猫種の起源は確かにアジアであるが、その姿形は欧米の基準で作り変えられたものである。

シャム×ロシアンブルー×黒猫

ハバナブラウン

英名 — Havana Brown
起源 — 近代（1950年）　原産 — 米国　体重 — 2.5～4.5kg

名前の由来は、ひとつがキューバ産の濃い茶色のハバナ葉巻に毛色がよく似ているという説。もうひとつが「ハバナ」という名のウサギの美しいチョコレート色に似ているから。しかし、13[illegible]3年にオランダで生まれたハバナラビットの名前の由来を調べると、結局、ハバナ葉巻に辿り着く。数百年前からシャム（現在のタイ）では、悪霊を撃退するとしてチョコレート色の猫が愛されてきた。それを英国でチョコレートポイント（126頁）とシール（焦げ茶）ポイントのシャム（猫）や、黒猫（チョコレートの遺伝子のある）、ロシアンブルー（44頁）と交配させた。それが米国に渡り品種として確立した。なお、ポイントとは地色が薄く、顔、耳、足先、尾先など先端が濃い柄のこと

撮影者｜Gerard Lacz

シャムとヨーロッパのネコの
ハイブリッド

マレー半島の自然発生種

シンガプーラ

英名 — Singapura
起源 — 現代（1970年）　原産 — シンガポール、米国　体重 — 2～4kg

世界最小のイエネコとしてギネスブックに載ったこともある。最近は（特に欧米では）そう小さくはないらしい。シンガポールの下水溝に棲んでいたのでドレイン・キャット と呼ばれていた。貿易港なので船の猫と交雑した可能性はあるものの、300年以上前から存在する自然発生種といわれる。セピア・アグーティという被毛が特徴。1本1本の毛が、オールドアイボリーの薄い色帯と、セーブルの濃いブラウンの色帯で色分けされ、美しいコントラストをなす。毛を単色にしてしまうノン・アグーティの劣性遺伝子を取り除くため、現地から連れ帰った原種に、アビシニアン（175頁）とバーミーズ（128頁）の子を交配させている

撮影者 | Petra Wegner

中東のネコ

アフリカ・

アフリカを代表するライオンの祖先は、人類を超える分布を誇っていた。
現世のライオンは、アフリカ大陸と北米大陸に分かれたが、
アフリカ大陸を安住の地に選んだライオンのほうが生き残った。
チーターも北米に移動したが、「更新世の絶滅」の前、海面が低かった時期に
その多くがアジアへ移動し、アフリカへと渡って生き延びた。
サーバル、カラカル、アフリカゴールデンキャット3種の祖先は800万〜1000万年前に
アジアからアフリカに渡り、一度も出ることのなかった固有種である。
イエネコはエジプトで初めてペット化されたこともあり、エジプシャンマウなど
イエネコでありながら野性的な魅力にあふれる種が見られる。

アフリカ南部に広がるサバンナでひとり佇むライオン。3歳のメスである。メスは3歳で大人になり、そろそろ初出産に向かう頃だ。ザンビアのカフエ国立公園は、アフリカでも屈指の広さを誇る。四国ほどもある広大な公園にカフエ川が流れ、その支流に沿って草原が広がっている。北部にはザンビアでも最大級といわれる聖なるバオバブの巨樹がそびえる。ライオンをはじめ哺乳類だけでも158種を数え、手つかずの原生的な自然が多様な生態系を育む。消えゆく真のアフリカを体感できる数少ない大地である

撮影地｜ザンビア（カフエ国立公園ブサンガ平原）
撮影者｜Sebastian Kennerknecht

アフリカライオン

みんなで子育て。母乳も分け隔てなく

生後6週か、7週ほどの赤ちゃん。母親は出産時に群れ(プライド)を離れ、ちょうどこの頃に親子ともども群れに戻る。ライオンは季節繁殖し、ここマサイマラ国立保護区に隣接するセレンゲティ国立公園の記録は3～7月。群れの他のメスも同じ頃に出産するので、生後18カ月まで共同生活を営む。母親はなるべく自分の子に母乳を与えようとするが、どの子にも授乳する。ライオンは目が開いて生まれる子もいる。閉じている子も生後2週までには開く。生まれたての体重は1～2kgほど。妊娠期間102～115日で、野生では平均2.3～3.3頭、動物園では3.01頭の子が生まれる。離乳は6～8週で始まり、8カ月まで授乳することもある。11カ月で群れの狩りに参加し始めるが、16カ月までは大人の獲物を食べる。メスは群れで一生暮らし、オスは4歳までに独り立ちして群れを出る。オスは2歳で性成熟するが、5～6歳まで繁殖しないことが多い。多くの哺乳類と同じでメスはオスより長生きする。セレンゲティ国立公園のメスは15歳まで出産し、18歳まで生きた記録がある。ナイロビ国立公園で記録されたメスの推定死亡年齢は22歳。動物園の平均寿命は13歳だが、最高30歳まで生きたメスがいる。獲物が季節移動するような地域では、子どもの63%が1歳までに死ぬ

撮影地｜ケニア(マサイマラ国立保護区)
撮影者｜Suzi Eszterhas

野生ネコで一番知能が高いメスのライオン

ライオンは血縁関係のある3～6頭のメスとその子ども、2～3頭のオスで、プライドと呼ばれる群れをつくる。群れで狩りをし、縄張りを守り、子どもを育てる。大きなプライドは50頭にもなり、小規模なサブグループに別れるなど複雑な社会を構成する。ヒトを含む霊長類の大きな脳は、複雑な社会生活の必要性から発達したといわれる。社会脳と呼ばれる由縁だ。野生ネコの脳の研究では、単独行動をする種と社会性のある種で、脳全体の容量に違いはなかったものの、前頭葉を含む脳内の領域の大きさには違いが認められたという。もちろん、メスのライオンの前頭葉が最も大きかった。群れでの社会生活が多いメスは、脳の処理能力を高めていったと考えられている

撮影地｜ケニア（マサイマラ国立保護区）
撮影者｜Federico Veronesi

ライオンは孤独じゃない　キズナを大切にするから

アフリカスイギュウを狙うライオンのオス。ライオンはメスしか狩りをしないというのは誤解である。オスも頻繁に狩りをして、その成功率も高い。ライオンは狩りの効率を高めるために群れをつくるといわれてきたが、最近の説では獲物を取られないために群れをつくっているという。成長したオスがいなければ、メスと子どもの小さな群れでは、ブチハイエナに獲物を取られてしまう。ただし、オスがいなくても、メスが10頭もいれば取られない。群れのキズナが強いから、ハイエナたちは、ライオンが食べ終わるのをじっと待っている

撮影地｜ボツワナ（オカバンゴ・デルタ）　撮影者｜Brendon Cremer

ネコ科の共通祖先から最初に分岐したのは、現在のヒョウ系統の祖先にあたる動物である。そこから分岐した7種の一つにあたるのがライオンだ。「百獣の王」とも呼ばれるこの動物がネコ科を代表する存在であるということに異論はないだろう。

1万4000年も遡ればヨーロッパにも生息していた証拠もあるなど、かつては広く分布する動物だったが、現在はアフリカのサハラ砂漠南部から南アフリカにかけての各地（低木林、草原サバンナ、半砂漠などの環境）にアフリカライオンが、インド北西部のギルにわずかにインドライオンが生息するのみである。種名としてはいずれもライオンとなる。

ネコ科動物の中で最も社会性があることで知られ、プライドと呼ばれる、結びつきの強い群れを形成して生活する。

プライドは通常、血縁関係のあるメス3〜6頭とその子どもたち、そしてメスと血縁関係のないオス2〜3頭から成る。平均十数頭ほどの群れだが、一時的に50頭程度になることもある。

プライド内のメスはほぼ同時期に出産し（産仔数は通常2〜4頭）、協力して子どもを育てる。狩りも基本的にはメスの仕事で、協力してヌー、シマウマ、ガゼル、スイギュウといった大型の獲物を捕る。獲物の集団を見つけると、まずメス数頭が、逃げ道を塞ぐようにその周囲を取り囲んで待ち伏せる。別の1、2頭がタイミングを見て獲物の群れに襲いかかり、待ち伏せ役がいるところに獲物を誘導。そしてそのうちの1頭に狙いを定めて皆で襲うというのが典型的な方法だ。小さな獲物を単独で狩る場合もある。

一方オスは、自分のプライドのメスや子どもを、外のオスから守るのが一番の役割だ。オスは生まれてから2、3年で自分が育ったプライドから追い出され、放浪しながら成長する。そして6、7歳で性的に成熟すると自らのプライドを手に入れるべく、既存のプライドを乗っ取ろうと、その主と争うのだ。勝って新たな主となると、元いた子どもをすべて殺す。するとメスが発情し、オスは自らの子を含む新たなプライドを手に入れる。オスは通常数年程度、そのプライドにとどまるという。

50年前はアフリカに10万頭生息したが、現在は3万頭を下回り、2万頭に近いともいわれる。インドでも、約400頭の個体群一つ以外はすでに絶滅した。ちなみに最近の遺伝子分析によれば、インドの個体と、アフリカ中部・西部の個体は同じグループに、そしてアフリカの東部と南部の個体群がもう一つの別のグループに分類されるという。

ライオンの個体数が減少した原因には、様々な土地の農地への転換や、牧畜の拡大による生息地と獲物の減少が挙げられる。家畜を襲うため、人間から殺されることも大きな要因となっている。

満天の星が輝く夜空の下、水辺でじっと見入る若いライオンのオス。ライオンは主に夜行性ではあるが、多くの野生ネコがそうであるように、いつ活動するかは生息地の環境によって変わる。ライオン狩りで夜行性になったとの説もある。古代メソポタミアから中世、そして現代まで連綿と続くライオン狩り。アフリカの13カ国で年間600～700頭がスポーツハンティングの名の下に、主にトロフィーとしての価値が高いオスが狩られている。アフリカ全土に20万頭以上いたライオンは、ここ20年ほどで2万頭余りにまで減少してしまった。ヒトと同じアフリカが発祥のライオンの仲間は、かつてヨーロッパ、シベリアを越え、ユーラシアと北米がつながった時期にはメキシコ辺りにまで至り、ヒトを超えて哺乳類で最も広い生息地を誇っていた。食物連鎖の頂点に君臨して繁栄したライオンは、わずか1万年でその分布域の95%を失った。もちろん、人間に追われたのである。なお、写真（World Press Photo Awards 2017受賞作）は南アフリカのトランスバール地方で、かつてはトランスバールライオン、またはクルーガーライオンと呼ばれる独立した亜種とされていた。最近の研究ではケープライオン（*Panthera leo melanochaita*）の一種とされるが、トランスバール地方はホワイトライオン（23頁）の産出地としても知られる

撮影地｜南アフリカ（ムクゼ）　撮影者｜Bence Mate

親ライオンは無地でも、子ライオンはロゼット柄

岩の上でまるでポーズをとっているようなライオンの子ども。ライオンの体色は淡い黄褐色から濃い黄褐色、もしくは砂色が多い。灰色がかったものから淡い赤褐色、稀に濃い褐色もいる。腹側や四肢の内側は白い。大人のライオンは、オス、メスとも模様のない無地だが、子どもの頃はくすんだ豹柄のようなロゼット模様（179頁参照）。この濃茶褐色の模様は生まれたときから生後10カ月ほどまで見られ、そのほとんどは消えてしまう。一部、成熟してもメスの腹部や四肢などにその痕跡が残る。現代のライオンは開けた場所を好み、熱帯雨林や完全な砂漠には生息していないが、子どもの模様は、ライオンの祖先がもっと深い森に棲み、その祖先にも似たような斑紋があったことを示唆するという

撮影地 | ケニア（マサイマラ国立保護区）　撮影者 | Denis-Huot

アフリカライオンの分布

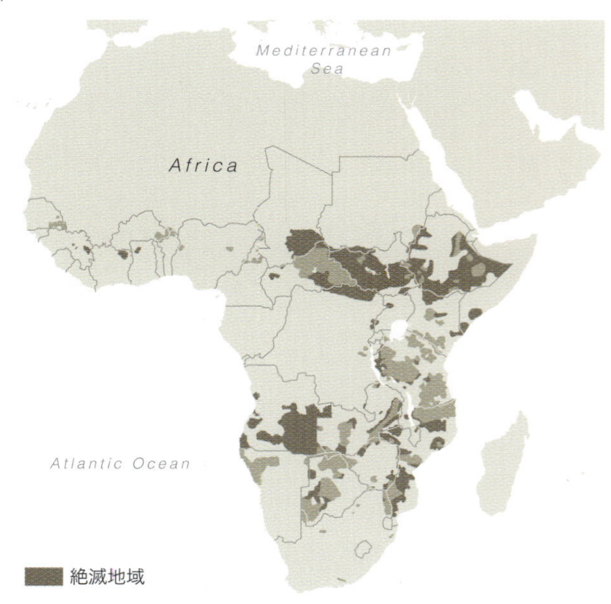

DATA

和名	ライオン
英名	Lion
学名	*Panthera leo*
分類	ヒョウ系統
保全	IUCNレッドリスト一種全体は「絶滅危惧種：危急（VU）」、インドライオンは「絶滅危惧種：危機（EN）」、アフリカ西部の個体群は「絶滅危惧種：深刻な危機（CR）」
体重	オス150〜272kg、メス110〜168kg
頭胴長	オス172〜250㎝ メス158〜192㎝
肩高	オス80〜123㎝ メス75〜110㎝
尾長	60〜100㎝

ネコ科のタテガミ比べ

立派なタテガミをもつ
唯一のネコ

上 | ライオン

ライオンのオスは、性成熟する生後26～28カ月からたてがみが生え始め、4歳か5歳まで伸び続ける。たてがみは顔を除く頭全体、首、肩、胸の上部を覆う。人間の声変わりと同じ第二次性徴の一種である。たてがみは寒い場所にいると大きくなり、たてがみが貧弱なインドライオンをヨーロッパの動物園に移すと、立派に伸びる。戦いの防御にも使えるが、その主な役割は自分の健康と強さを示すシグナル。メスはたてがみでオスを選び、オスは相手の強さを判断する。なお、ライオンの身体能力は、走ると最高時速48～59㎞、高さ2～3mのフェンスを跳び越える。ただし、昔からよくトラと戦わされたが、いつも戦いに長けたトラが勝ったという

撮影地 | 南アフリカ(カラハリ砂漠)　撮影者 | アフロ

下 | チーター

見事なたてがみの生えた生後6週のチーター(158頁)の子ども。38種ほどの野生ネコの中で、唯一チーターの子どもにだけ、ふわふわした銀灰色のたてがみが頭頂から尾の付け根まで生える。生後3･4カ月でなくなるが、大人になっても首と肩に残り、恐怖や敵意で逆立つ。そのためチーターの学名(種小名)jubatus(ユバトゥス)は「たてがみのある」を意味する。子どものたてがみの役割は、カムフラージュ、体温調節、大人の攻撃衝動を抑えるなどの説がある

撮影地 | タンザニア(セレンゲティ国立公園)
撮影者 | Frans Lanting

子ども時代に
立派なタテガミをもつ
唯一のネコ

アフリカヒョウ
世界で一番繁栄する
野生ネコの秘密

右｜ 母子の旅に見える豹の未来

豹の文字は「獣」を表す豸(むじなへん)に「明らか」を意味する勺(しゃく)が合わさる。この場合の勺は体毛にある、明らかなロゼット模様を表している。獣の体毛にはっきりした黒くて丸い模様が飛び散っているヒョウを象ったのが豹という漢字だ。英名のレパードまたはレオパード(leopard)は、ヒョウがライオン(leo)とパルド(pard:パンサーのこと)との雑種であるという勘違いから生まれた言葉である。古代ローマの『博物誌』で有名なプリニウスが遠因ともいわれる。100年ほど前でも、ヒョウには大きなレパードと、小さなパンサーの2種がいると信じられていた。レパードは狩猟用のヒョウと認識されていたチーターの名にも使われた。パンサーはヒョウだけでなく、ジャガーやピューマを指す名前として今でも使われている。この名称の混乱は、アフリカを発祥とするヒョウが、ユーラシア大陸を横断するまでに広がった証なのかもしれない。これだけ生息地を広げた野生ネコはヒョウだけであり、もちろん、ヒョウは1種しかいない。写真は小さな子を連れて、周囲を警戒しながら歩くヒョウの母親。子どもは一度に2頭ほど産み、1年以内に1頭は死ぬ。だから1頭しか連れていないのか。子どもが生後2·3カ月になると、母子は獲物を求めて旅に出る。獲物を仕留めて次の狩り場まで20km以上歩くこともある。飼育下のヒョウは1日1〜2kgの肉を食べるが、たとえばカラハリ砂漠の子連れの母子は4.9kgだ。オスが3.3日に1回の食物を得たのに対し、子連れのメスは1.5日に1回。ある調査ではオスが1年で111頭の獲物を狩り、子連れのメスは243頭。南アフリカで長期に観察されたメスは、12年間に10回出産した。その母親が子育てに費やした日々は、彼女の人生の8割以上だったという。ヒョウが繁栄した秘訣のひとつは、母親の子育てにあるのかもしれない

撮影地｜南アフリカ(サビサンド私営動物保護区)
撮影者｜Marion Vollborn

上｜ 木の上こそ安全な我が家

木登り名人といわれる。木の上で作戦を練って獲物を襲う。仕留めた獲物を盗まれないよう、木の上に運ぶ唯一の動物だ、ともいわれる。ライオンを避け、リカオンに追われ、母子ともども木の上に逃げる。よく映像で見る光景だ。でも、それはヒョウの驚異的な適応力の一部でしかない。アフリカの平原に便利な木があっただけ。生息環境が違うアジアでは、恐ろしいトラの密度がどんなに高い地域でも、獲物を木の上に運ぶのは珍しく、落ち葉の下に埋める

撮影地｜アフリカ　　撮影者｜Winfried Wisniewski

右｜ 何でも食べるから、成功した！

アフリカ南部に広がるカラハリ砂漠。この地でヒョウは10日に一度しか水が飲めない。獲物の血は貴重な水分だ。カラハリの獲物の65%がスプリングボック。日々の糧を逃すわけにはいかない。強力な前足の爪で抱え込み、喉笛を狙う。大きな獲物なら鼻を噛んで窒息させる。ヒョウは何でも食べる。コガネムシからゴリラまで、200種以上。自分の体重の2·3倍ある獲物はふつうに仕留め、最高記録は12倍の約900kgのエランドという牛の仲間だ

撮影地｜ナミビア(エトーシャ国立公園)　　撮影者｜Wim van den Heeverz

アフリカからアジアにかけて分布するヒョウは、ネコ科動物の中で、最も広い範囲に生息する種として知られている。適応できる環境も幅広い。冬にはマイナス30度にもなるシベリアから、低木林、熱帯雨林、サバンナ、そして夏に50度を超える砂漠まで。標高も4000m程度までは珍しくなく、5000m以上でも生息記録があるほどだ。

アフリカにはアフリカヒョウの1亜種のみで、アジアには、アラビアヒョウ、ペルシャヒョウ、アムールヒョウ（86頁）など8亜種がいるといわれてきたが、最近では、インドヒョウ（インド）、セイロンヒョウ（スリランカ）、インドシナヒョウ（東南アジアと中国）の一部の個体群は一つの亜種である、などという証拠が見つかったことで、アジアには5亜種のみであるとも考えられるようになっている。

細身ながら筋肉質の引き締まった体をもつ大型ネコだが、体の大きさは、気候や獲物の得やすさによって大きく異なる。アフリカ東部・南部の林地などに棲む個体群の身体が最も大きく、小柄で知られる中東のアラビアヒョウの小さい個体の2倍ほどにもなる場合があるという。

夜行性で、主に単独で行動する。力強いハンターで、様々な動物に戦いを挑み、仕留める。イノシシ、ガゼル、スイギュウなどの草食動物は言うにおよばず、チンパンジーやゴリラ、といった霊長類、ライオンの子ども、数メートル規模のアフリカニシキヘビやナイルワニを殺したという記録もある。人間も時々襲われている。その一方で、カエル、野ウサギ、げっ歯類、鳥類など、小型の動物も重要な獲物だ。実に200種以上の脊椎動物がヒョウに捕食されているという。

狩りは通常3日おきに行い、時にほとんど食べるものがなくとも、しばらく生き延びることができる。大型の獲物は、何日もかけてゆっくりと食べるが、その際には、ハイエナやリカオンなどの肉食動物に獲物を横取りされないよう、木の上に獲物を引き上げてから食べることで知られている。木登りが得意で樹上を自在に動けるため、木の上こそが、ヒョウにとっての安全地帯なのである。

このように食生活が柔軟で、樹上という安全な場をもっていることで、ライオンやトラなどの大型の捕食動物とも共存できるし、それらの動物が棲めないような環境にも適応できるのであろう。人間のいる環境でも、他の大型ネコよりも静かに生息することができるともいわれる。人を襲うこともあるのだが……。

ちなみに、体が真っ黒なクロヒョウは、劣性遺伝子によって生じる個体で、ヒョウでは珍しくない。インド、セイロン島、マレー半島など、湿度の高い亜熱帯林や熱帯林に多い。ケニアの高原の林地など比較的乾燥した地域にも見られる。

世界で一番美しい模様をもつネコ

これこそヒョウ柄、欧米でロゼットといわれる模様。黒い縁取りが所々でちぎれ、濃い色を包む。包まれた中に黒点があればジャガー、なければヒョウ。1頭として同じ柄はなく、識別できる。鼻先から尾の付け根までの頭胴長は、1mから最大で2mほど。小さなメスで体重20kg、最大のオスで90kgにもなる。ヒョウだけでなく大型ネコは頭骨の前面が大きい。分類や噛む力などにスポットが当てられがちだが、実はヒョウの脳、前頭葉は大きい（もちろん最大は、複雑な社会をつくるメスのライオン）。柔軟な適応力は脳の処理能力が関係しているかもしれない

撮影地｜ザンビア（サウス・ルアングワ国立公園）　撮影者｜Andy Rouse

クロヒョウ

ブラックパンサーの名で有名なクロヒョウ。実はアフリカではほとんど生まれない。2019年にケニアで撮影され、100年ぶりの出現と騒がれた。アジアでは珍しくなく、頻繁に現れ、ジャワ島で確認した7割近くがメラニズム（黒色素過多症）だったことも。黒豹とロゼットの兄弟も生まれる。写真のように光の当たり具合で、黒豹でもロゼット模様がうっすらと現れる。体毛の色変わりは一般的なアルビニズム（先天性白皮症）のほか、黒い縁取りが筋状につながったキングチーター模様（164頁）、大理石模様がある。2012年に南アフリカのマディクウェ保護地域で淡いピンク柄が撮影されて話題になった。赤い色素が過剰に作られたり、黒色素が不足した赤髪症（エリスリズム）といわれる

撮影者 | Arco / G. Lacz

ヒョウの分布

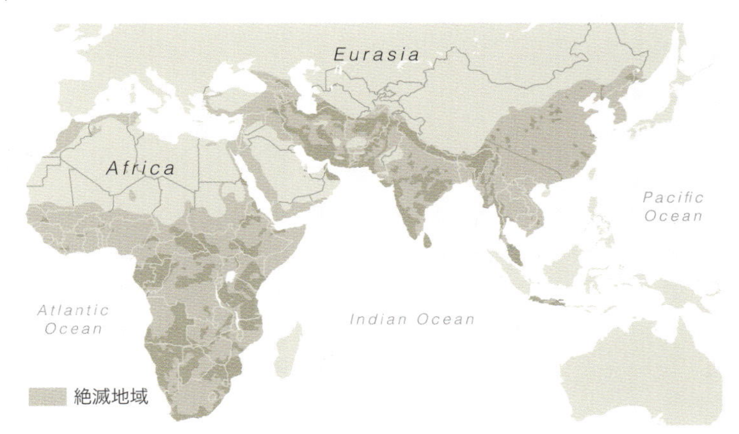

DATA

和名	ヒョウ
英名	Leopard
学名	*Panthera pardus*
分類	ヒョウ系統
保全	IUCNレッドリスト — 絶滅寸前（CR）
体重	オス20〜90kg、メス17〜42kg
頭胴長	オス91〜191cm、メス95〜123cm
肩高	55〜82cm
尾長	51〜101cm

アラビアヒョウ

英名— Arabian leopard
学名— *Panthera pardus nimr*
保全— IUCNレッドリスト 絶滅寸前（CR）

アラビア半島など中東の乾燥した山岳地帯に棲むヒョウの亜種。もう絶滅寸前で野生では200頭未満といわれる。砂漠に棲むヒョウは体が小さく、最小クラス。オス31kg、メスで21kgほど。ヒョウは生息地によって色の濃さが変わり、砂漠のヒョウは色が薄い。イスラエルの調査では、夜に狩りをせず、餌動物のハイラックスやアイベックスなどの活動と合わせて昼行性という。狩りの成功率は低くて、開けたサバンナなら4割近いのに、砂漠では2割にもほど遠い

撮影地 | アラブ首長国連邦（シャールジャ）
撮影者 | Nick Garbutt

サーバル

長い足にはワケがある

サーバルの名前はポルトガル語の（lobo）cervalに由来し、オオヤマネコ（lynx）を意味する。語源はラテン語のlupus cervarius（狼＋鹿）で、さらにたどるとフランス語のloup cervierとなって、「鹿を狩る狼」などの意味があるので、日本の文献にある「サーバルとは猟犬を意味する」は、このあたりが発祥かもしれない。サーバルはアフリカだけに生息する固有種で、南部や東部に広く分布する。ただし、砂漠や赤道直下の密林は苦手。その特徴はなんといってもジャンプ力。野生ネコの能力に辛口なルーク・ハンター博士によると、アーチ状のハイジャンプは最大高さ1.5mだが、全速力でダッシュしてから跳べば、2mを超えるとする。メル・サンクイスト博士は、そのジャンプ力はカラカルにも引けをとらないという。飛んでいる鳥や虫をたたき落とそうとして、2～3mの高さまで飛んだ様子が目撃されている。水平ジャンプの記録は両博士とも同じ3.6mとしていて、少し物足りない。ただし、助走なしに獲物に跳びかかる距離である

撮影地｜ケニア（マサイマラ国立保護区）
撮影者｜James Warwick

キツネのように跳ぶ 野生ネコで最高のハンター

上｜ このネコらしくないアーチ状のジャンプがサーバルの特徴である。アカギツネやジャッカルなど、ほっそりした体型の野生イヌに見られる飛行形。体重をかけながら前足の片足か両足で獲物を痛打する。それから素早く頭の後ろを噛んで殺す。空中で前足を使って鳥を捕らえ、そのまま鋭い爪で鳥を逃がさずに後ろ足だけで着地することもできる。鳥など小さな獲物は、そのまま丸呑み。大きい鳥は、食べる前に羽をむしる。ヘビなら素早いパンチを繰り出し、噛みつきを繰り返しつつ、だいたい生きたまま食べてしまう

撮影者｜charles nolder

中｜ 水平飛行中。少し離れた獲物を狙ったようだ。野生イヌ並みの身体能力に、野生ネコ特有の器用な前足と鋭い爪。この2つの能力を併せもつがゆえに、野生ネコで最高のハンターになれた。狩りの成功率が1割に満たない野生ネコにあって、サーバルはなんと5割。非常に賢く、夜の高速道路を横切る獲物さえ狙う。車のヘッドライトを利用して、光に浮かび上がる姿で獲物を探しだして狩りをするのだ

撮影地｜ケニア（マサイマラ国立保護区）　撮影者｜Denis-Huot

下｜ 仕留めた小さなげっ歯類をくわえて運ぶサーバル。体の割に獲物が小さいように見えるが、驚異的な狩りの成功率で補っている。タンザニアのンゴロンゴロ・クレーターの調査では、2回に1回の割合で獲物を仕留めた結果、年間5,700～6,100匹の獲物を獲得したという。これはおおむね3,950匹のげっ歯類、260匹のヘビ、130羽の鳥に相当する

撮影地｜ケニア（マサイマラ国立保護区）　撮影者｜Denis-Huot

タテガミオオカミに似て

竹馬に乗っているかのように、とか、竹馬のような足、と形容される。その長い足で丈高い草原を静かに動き回る。同じような生活環境で、同じように形容されるのが南米の野生イヌ、タテガミオオカミである。イヌとネコ、種類は違えど、両種とも同じように足首から下、人間の膝に見える部分から下が異常に長い。サーバルの肩までの高さは、同じ大きさのオセロットだったら20㎝高く、同じ体重のカラカルなら12㎝は高い。顔が小さく細くて、耳がパラボラアンテナのように巨大なのも、タテガミオオカミにそっくりだ。高い位置から超高感度の耳が隠れている獲物を探り出す。垂直に高く跳んで襲ったり、巨大な耳で探したり、地面を掘って狩りをするなど、狩りの習性は野生ネコというより、まるで野生イヌ。それが種として成功した秘訣なのだろう。写真は子ども

撮影地｜ケニア（マサイマラ国立保護区）
撮影者｜Anup Shah

折れ耳の野生ネコはいない

耳が立つ前の赤ちゃんサーバル

生後2週間。ちょうど耳が立ち始める頃だ。サーバルは、どこで暮らしているかによって子どもが生まれる時期が変わる。タンザニアのンゴロンゴロなら9・11月の乾期、ボツワナでは雨期になる。一般的には主な餌動物のげっ歯類が繁殖する1カ月ほど前が多い。妊娠期間およそ74日で、ふつう2頭の子を産む。稀に4頭。飼育下では年に2度出産することがある。子どもは生まれたとき目が開いておらず、重さは250gほど。柔らかい毛は大人よりやや灰色がかっており、不明瞭な模様が入る。生後9～13日で目を開く。生後1カ月ほどで、母親は食物を持ち帰るようになる。永久犬歯に生えかわるのは生後6カ月。まもなく狩りができるようになる。1歳になる頃、母親は子を追いかけ始め、まずオスの子が追い払われる。メスはそれから数カ月ほどとどまることがある。飼育下の性成熟は1歳以上で、メスが生後15・16カ月、オスが17～26カ月とされる。観察例では2頭のメスは15・16カ月で出産し、1頭のオスは生後17カ月で交尾をしたが、他の2頭が最初に発情したのが25カ月と28カ月だった。飼育下のメスは14歳まで出産し、野生では11歳の記録がある。最高寿命は野生で11年、飼育下で22年とされる

撮影地 | ケニア(マサイマラ国立保護区)
撮影者 | Suzi Eszterhas

家猫スコティッシュフォールドの折れ耳にある野性

野生ネコではなく、正しくは野生動物、野生の哺乳類に、垂れ耳や折れ耳は存在しない。一方、イエイヌ、ウサギをはじめ、牛、豚、山羊、羊など身近な伴侶動物や家畜に垂れ耳はいくらでもいる。しかし、必ずしも品種改良などで人為的に作り出されたものだけではない。人間に従順な個体を選抜して世代を重ねると、哺乳類は体の形や色、さらには習性さえ変わってしまうのだ。この現象を最近の研究では「家畜化症候群(The Domestication Syndrome)」と呼ぶ。垂れ耳をはじめ、巻き上がった尻尾、体色のブチ柄化、顔・体の幼体化(顔が丸みを帯び、鼻面が短くなる)が種を超えて共通して現れる。オオカミがイヌに進化した過程を再現するため、シベリアで行われた60年がかりのキツネの実験でもそれは実証された。垂れ耳は15世代で現れたという。43世代になると(人間の歴史なら中世に遡るほど)、極めて友好的で親愛なるキツネになった。さらに最新の研究では、意図的な交配もせず、食料と水だけを与えて飼育した野生のハツカネズミたちは、10年も世代を重ねないうちに「褐色の毛に白い斑点が現れ」「鼻も少し短くなった」とスイスのチューリッヒ大学は15年にわたる研究結果を発表している。胚発生の初期に現れる神経堤細胞が耳の軟骨の形成を抑えるなど、この症候群を引き起こしているとの仮説が提案されているが、メカニズムの全貌は明らかになっていない。イエネコに家畜化症候群による垂れ耳化は起きていない。ゆえに純粋な垂れ耳のイエネコは存在しないことになる。写真のスコティッシュフォールドに限らず、品種改良によって軟骨の変化を特徴づけた品種は遺伝性の関節の病気を発症しやすいので、交配には十分な注意が必要である。イエネコも毛色が変化し、鼻づらが短くなるなど、家畜化症候群の特徴が一部現れているのは事実である。しかし、祖先種リビアヤマネコはそもそも家畜化されにくい種で、イヌのようには繁殖を管理されてこなかった。ゆえにイエネコは家畜化された種とはいえず、いまだ野生の姿と性質を色濃く残した伴侶動物なのである

撮影者 | Sylvain Cordier

白い猫でも、
黒い猫でも…いい猫だ。

アフリカに広く分布するサーバルは、〝ネコ離れ〟したような長い足とスリムな体型が特徴的だ。体の大きさとのバランスからいえば、ネコ科の動物の中で、サーバルは最も長い足をもっている。

一般的に足が長いと速く走るのに有利だが、サーバルは走るのは速くない。実はこの動物の長い足は、高さを確保するために生かされているのだ。

サーバルは、音をたよりに狩りをする。耳がパラボラアンテナように丸く大きいのもそのためだ。そして、よく音を聞くためには、耳を高く保つ必要がある。そのために長い足をもっていると考えられる。

狩りをする際には、よく目を閉じてじっとする。そして高い位置に設置されたアンテナのような耳を生かして、獲物の動く音を察知して、狙いを定める。地面の上にいるネズミなどには、1mほども跳び上がって、前足でパンチを食らわすように襲いかかる。飛んでいる鳥でも、2、3mの高さまでなら、パッとジャンプして捕まえてしまう。獲物を捕らえる前足の力は強力で、振りかぶってのパンチは、大きなヘビでも、何発か浴びせることで殺してしまえるほどだという。

サーバルにとっては、地中にいる動物も獲物となる。耳を凝らせば地面の下でも居場所がわかるのだ。強力な爪をもつ前足で地面を掘って、その下にいるネズミや、まだ羽が生えたてのひな鳥を捕まえる。

アフリカ東部・タンザニアの自然保護区であるンゴロンゴロでの調査では、サーバルはこのような狩りを50%ほどの確率で成功させるという。この成功率は、他のネコ科の動物と比べるとかなり高い。また同地区の観察によれば、1年間で、4000頭のげっ歯類、260匹のヘビ、130羽の鳥を捕食したという。

ネズミなどのげっ歯類をよく食べる一方で家畜や家禽を襲うことはほとんどないため、農家にとっても有用な存在になりうるという。しかし実際には、迫害しようとする人間も多く、サーバルにとって人間は大きな脅威となっている。人間の開発による生息地の減少のために生存が脅かされつつあるのも、他の多くの動物と同様である。ただ、保全状況は地域によって異なっている。アフリカ北部では絶滅も危惧されるが、中部・南部ではそうでもない。

高く跳び上がってから獲物を捕らえたり、地面を掘ったりという方法は、ネコ科よりもイヌ科の動物に近いともいわれる。また、人間でいえばモデルのような足の長い体型は、タテガミオオカミというイヌ科の動物によく似ている。

ちなみにサーバルは、この後に続いて登場するカラカル、アフリカゴールデンキャットと同じカラカル系統に属している。カラカル系統は、850万年前にネコ科動物の共通祖先から分岐した。

上 | **ホワイトサーバル**

自然界で白い野生ネコが生き延びるのは極めて難しい。捕食者に見つかりやすいのはもちろん、逆に獲物にも見つかりやすいからだ。常に危険が迫り、狩りもままならない。それに白猫は皮膚の癌になりやすい。長期間、日光の紫外線を浴び続けると細胞が損傷して日光皮膚炎を起こし、癌を発症しやすくなる。なお、飼育者によると、ホワイトサーバルは、標準色の個体より2割ほど大きく成長するという

撮影者 | M. Watson

下 | **ブラックサーバル**

たまに撮影されると、一般メディアでちょっとした騒ぎになることがあるが、研究者にいわせると、それほど珍しいわけではないらしい。過剰に作られたメラニン色素が沈着して全身が真っ黒になったサーバル。専門用語ではメラニズム（黒色素過多症）と呼ばれる。ケニアとエチオピアの高地では、かなり頻繁に出現する。ほとんどは標高2,440～2,745mの間で見られたという。なぜか赤道から南北5度以内の地域にしか生まれず、その理由は謎だ

撮影地 | ケニア（アバーディア山脈）　撮影者 | アフロ

サーバルの分布

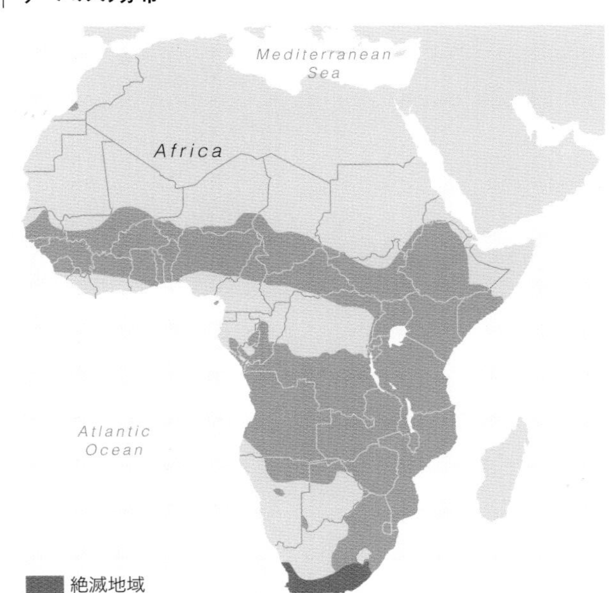

DATA

和名	サーバル
英名	Serval
学名	*Leptailurus serval*
分類	カラカル系統
保全	IUCNレッドリスト—サハラ砂漠以南は「低懸念（LC）」、北部は「絶滅危惧種：深刻な危機（CR）」
体重	オス7.9～18kg、メス6～12.5kg
頭胴長	オス59～92cm、メス63～82cm
肩高	54～62cm
尾長	20～38cm

カラカル

世界で一番高く ジャンプできるネコ

大きな耳の裏は真っ黒で、耳の先端の長い飾り毛も黒。だからカラカルの名前はトルコ語のkara（黒い）、kulak（耳）に由来するという（ウェブスター辞典より）。もっとも、メル・サンクイスト博士は同じ意味だが「garah gulak」の綴りとする。澁澤龍彦はスペイン語説を採る。ギリシア・ローマ時代の古代人がリンクス（オオヤマネコ）と呼んだのは、実はこのカラカルだそうだ（18・19世紀の博物学の巨人、ジョルジュ・キュヴィエによる）。アフリカでもレッドリンクス、アフリカリンクスの名をもつ。しかしDNA分析の結果、現在のオオヤマネコとは縁遠い存在となった。やはり、耳先の長い飾り毛が共通したことが誤解の元になったのだろう。その飾り毛の役割は、いまだに定説がない。表情を強調する、仲間に合図を送る、高周波数の音を聞きやすくするなどの説はあるものの、いずれも科学的に実証されていない。目の上から額にかけて2本、鼻の横にも黒い縦縞が2本、額の真ん中にも黒縞が入る。目元まわり、鼻先、顎は白い。ひげ袋（ウィスカーパッド）は暗色。明るい日中の表情は写真のような半眼が多い。強い太陽光から目を守るため、上まぶたが目の半分まで下がってしまうのだ

撮影地｜ナミビア
撮影者｜Mary McDonald

子猫にして この飛ぶ力

上｜大きな耳の裏は真っ黒で親と同じく子どもも間違われない。これは生まれたときから。もっとも、耳が立ち始めるのは生後2週ほど、完全に立つのは4週目までかかる。生まれたての耳は垂れ、爪も引っ込まない。写真のように子どもは2頭が多い。妊娠期間68〜81日で、49例の平均が2.19頭。例外的に6頭まで。洞窟や木の洞、他の動物が捨てた巣穴に産む。出生時の体重は198〜250g。繁殖の季節性は弱いが、南アフリカの出産は当地の夏である10〜2月にピークを迎える。アフリカ東部で11〜5月、トルクメニスタンでは4月上旬に子猫が見られる。生後4〜10日で目を開けるが、はっきり見えるまでにさらに数日かかる。生後12日には鳥のさえずりのような声を出すという

撮影者｜Marion Vollborn

下｜他の野生ネコがマネできない超絶技が、鳥の空中たたき落とし。ジャンプして前足で打つという。写真のように子猫でも、身体能力はずば抜けている。出生時の体毛は淡黄色か赤褐色で、耳裏だけでなく顔にも黒い模様がある。生後1カ月ほどすると、巣穴を出て遊び始める。固形食を食べ始めるのもこの頃。離乳には生後15週以上かかる。永久犬歯は生後4〜5カ月から出始め、10カ月までに生えかわる。生後9〜10カ月で独り立ち。オスは親元を離れ、メスは母親の元にとどまるという、典型的なネコの行動パターンである。性成熟は雌雄とも12〜16カ月。オスは12〜14カ月で父親に、メスはで14〜15カ月で妊娠可能に。単独で狩りをするが、観察記録では57例中11例がつがいで行動していた

撮影者｜Marion Vollborn

アフリカ大陸、中東、アジア南西部にかけての比較的乾燥した地域に生息するカラカルは、アメリカのSFドラマ「スタートレック」のミスター・スポックのような、とがった耳が印象的だ。これは先端に飾り毛が伸びているゆえであり、ユーラシアオオヤマネコをはじめとするオオヤマネコ系統の動物と共通する特徴である。

そうした点から、カラカルは元来、オオヤマネコの一種だと考えられてきた。しかし、近年のDNA研究によってこの動物は、オオヤマネコより、サーバルとアフリカゴールデンキャットの2種と近縁の関係にあることが明らかになった。そしてその2種とともにカラカル系統を成している。

カラカルは、サーバル同様、高くジャンプすることを得意とする。3mほど跳び上がって、飛んでいる鳥を叩き落して捕まえることができる。また、前足よりも長くてたくましい後ろ足によって瞬時に加速して動き出すこともできる上、獲物を捕らえるのに有用な、強い爪や歯、噛む力をもっている。

その他、木登りもうまいなど、身体能力の高さを生かして、主にネズミやウサギなど小型の哺乳類から、鳥類、爬虫類など様々な種類の動物を捕らえて食べている。必要であれば自重の4倍（50kgほど）にもなるヒツジやヤギやアンテロープといった哺乳類を捕まえて殺すことも

カラカルの分布

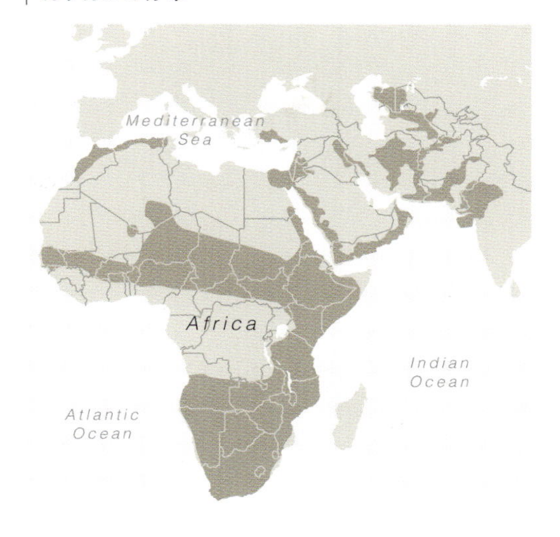

DATA

和名	カラカル
英名	Caracal
学名	*Caracal caracal*
分類	カラカル系統
保全	IUCNレッドリスト―低懸念（LC）
体重	オス7.2～26kg、メス6.2～15.9kg
頭胴長	オス62.1～108cm、メス61～103cm
肩高	38～50cm
尾長	18～34cm

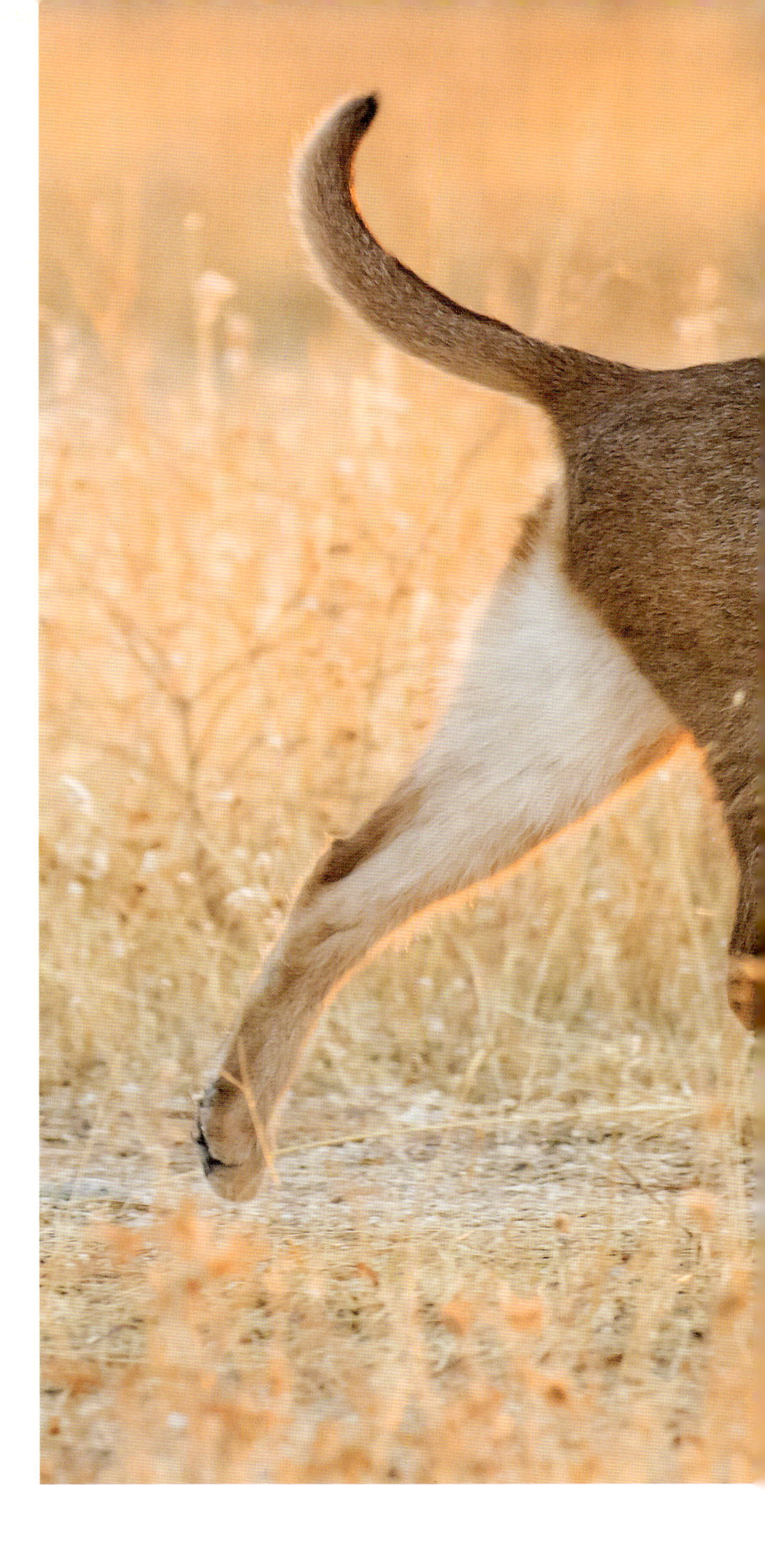

高さ4m以上ジャンプできる秘密は後ろ足

カラカルの伝説的なジャンプ力の秘密がわかるのがこの写真である。後ろ足が非常に発達しているので、ふつうに歩いていても肩よりも尻のほうがかなり高い。垂直ジャンプも、走り幅跳びも、爆発的ダッシュも、長距離も得意だ。飛んでいる鳥を空中で撃ち落とす前足も巨大で、爪もよく発達している。噛む力も強い。だから自分の体重の4倍もある獲物を狩る。19世紀のインドで、飼い慣らされたチーターとカラカルの狩りを見学したG. T. ヴィーン（Vigne）は、カラカルの動きのほうが速く見えたという。侵入者が近づくと岩や木に隠れるが、開けた場所では伏せて絶対動かない。体毛の砂褐色は保護色になって、周囲の風景に溶け込める。稀だが、ブラックカラカルも存在する

撮影地｜南アフリカ　撮影者｜Klein & Hubert

できるという。結果、草原や半砂漠、低木地など、様々な環境に適応して生きていくことができるのだ。

果敢なハンターであり、目つきは鋭く表情もいかめしく見えるため、凶暴なイメージをもたれがちだが、人に馴れやすいことでも知られている。そのため、イランやインドといった国々では、古くから人間に飼われて訓練され、ウサギや鳥の狩りを手伝う存在でもあった。また、アフリカのソロモン王朝（現エチオピア）の400年前の絵画には、宮廷の王座の前に座るカラカルの姿が描かれている。

しかし現在、アジアではすでに絶滅の危機にさらされており、アフリカ中部、西部、北部でも生息環境の悪化などのためすでに希少な動物となっている。

一方、アフリカ南部と東部では、比較的個体数が多く、今のところ絶滅を懸念するような状況にはないという。ただし、家畜を襲う有害な動物とみなされることが多く、人間に迫害されている。また、スポーツハンティングにおいての獲物としてもほとんど規制なく殺されているという。

サーバルもそうであるが、カラカルの生態調査はあまり進んでなく、その行動の実態についてはっきりしたことはわかっていない。成熟した個体は一定の決まった行動圏を概ね単独で行動しているらしいということが、限られた調査からいえる程度である。

ルデンキャット

2種類の体色をもつ野生ネコ

アフリカゴールデンキャットは大きく赤色系と灰色系の2色に分かれる。写真は赤色系のメス。赤といってもその体色は、ママレードのようなオレンジ色とも形容される。この見開き頁の個体は無地に見えるが、次の見開きを見るとわかるように斑点のある個体もいる。色もママレードからセピアがかった灰色まで、非常に幅があり、多色の野生ネコとも呼ばれる。この体色の違いは年齢や性別、季節との関連性はないとされる。喉や胸、四肢の下側は白っぽく、腹には目立つ大小の暗い斑点がある。ロンドン動物園で飼育されていた個体が一カ月を過ぎると赤色から灰色に変わったとの観察例がある(メル・サンクイスト博士)。逆に、これは病気になった飼育個体が死の直前に色変わりしたものらしい、との説もある(ルーク・ハンター博士)。サンクイスト博士は、最新刊でも自説に変更はない

撮影者 | rod williams

アフリカゴー

顔は丸く、大きな鼻づら。耳の背面はほとんど真っ黒。目の上や頬の下部に小さな白っぽい斑点が入る。個体によっては、頭に黒い斑点や縞模様が入る場合がある。赤系とグレー系など同種で極端に体色が異なる野生ネコは、このアフリカゴールデンキャットを含め、アジアゴールデンキャット(94頁)、ジャガランディ(202頁)の3種だけ。DNAとしてはいずれも遠縁となるものの、特にアジアとアフリカの金色のネコには、共通点が多い。タイの森の民カレン族も(95頁)、アフリカの多くの部族も、ゴールデンキャットが超絶な力をもつと信じている。カメルーンのピグミー族は、ゾウ狩りの時に幸運をつかむため、その尾を狩りに携えるという。外見が似た野生ネコにアジアとアフリカで同じような畏怖の念を抱き、同じように命名されたことは非常に興味深い

撮影地｜西アフリカ　撮影者｜Terry Whittaker

その体型から

アフリカでは豹の弟と呼ばれる

アフリカの一部では「ヒョウの弟」などの名前でも呼ばれる通り、ヒョウを一回り小ぶりにしたようであるのがこのアフリカゴールデンキャットだ。

アフリカの中でも、ガンビアからトーゴあたりにかけての大陸西部の沿岸各国と、ガボン、コンゴ、ウガンダなど、赤道直下とその周辺の国々にしか見られない。ただしそれらの各国では、水気があるところであれば、海岸から標高3000mを超える湿潤な林まで、広い範囲に分布する。密生した熱帯林を好むが、サバンナのような開けた場所でも、川沿いに林地があれば生息できる。

体の斑紋や色は地域差や個体差も大きく、変化に富む。必ずしもいつも「ヒョウの弟」らしい斑紋があるわけではない。体の下面と足にだけ斑紋が見られる場合もあれば、まったくない個体もいる。斑点そのものも、大きなものからそばかすのように細かく薄いものまでさまざまだ。体毛の色も、赤褐色っぽいものから灰色、黒色まで幅広い。

外見の類似性から、かつてはアジアゴールデンキャットと近縁と思われていたが、近年のDNA研究によってそうではないことが明らかになるとともに、最も近縁なのは190万年前に分岐したカラカルであると判明した。そしてサーバルを加えた3種で、カラカル系統を構成している。

近縁の種は明らかになったものの、アフリカゴールデンキャットの食性その他の生態はほとんど知られてない。ネコ科の中で最も謎に包まれた動物の一つとされている。

食性については、ほとんど糞を分析しての情報しかないが、それによれば、各種ネズミなどの小型哺乳類、シャコやホロホロチョウといった鳥類、爬虫類や両生類を食べる。自分と同じくらいの重さ（10kg前後）のサルやダイカー（小型のアンテロープ）を捕食するケースも見られるという。家禽や家畜を襲った犯人にされることもあるが、実際に襲うのかどうかはわかっていない。

また、カメラによる観察によれば、この動物は、主に単独で動き、縄張りをもつらしい。ネコ科動物の典型的なタイプと見られている。が、どれくらいの大きさの行動圏をもっているかについてはわかっていない。

野生下での情報はこのように少ないが、飼育された個体の観察から得られた情報もある。その観察によれば、飼育下で妊娠、出産した個体が数例あり、オス、メスは、それぞれ18カ月、11カ月で性成熟し、妊娠期間は75日であった。寿命も、野生のものは知られていないが、飼育下では最長で12年という。

元々希少な動物であるが、さらに近年では、森林の減少が少なからぬ脅威となっているという。狩猟で殺されるケースが多いのも他の動物と同様だ。

上｜がっしりした体躯に小型のヒョウに似た横顔。写真は赤色系で斑紋があるタイプ。生息地の西アフリカの一部で「ヒョウの弟」や「ヒョウの息子」と呼ばれるのは、地元の人々はこのネコがヒョウに従うと信じているからだという。赤道アフリカの熱帯林地域で見られ、ほとんどあらゆる種類の森に棲める。木の密生した、日中でも薄暗い森の中で暮らしている。樹上で暮らす説もあるが、尾の長さや高山での生息地から、主に地上で狩りをしているとされる。日中でも狩りをするが、主に明け方や夕方、それに夜に狩りをする可能性が高いという

撮影者｜Roland Seitre

下｜セピア色がかった灰色系の個体。アフリカゴールデンキャットはヒョウと生息地が重なるが、写真のキバレ国立公園はヒョウが絶滅しているので、肉食動物の頂点に君臨する。繁殖についてはドイツのマックスプランク研究所が記録している。妊娠期間は75日で2頭が生まれた。体毛に濃い灰色か灰色がかった茶色で、体重は180〜235g。生後6日で目を開いた。非常に敏捷で、生後16日で40cmの高さの巣箱に登ることができた。生後40日で肉片を噛み、まもなく動物をまるごと食べられるようになった。メスは生後11カ月で、オスは18カ月で性成熟した。オスは生後6カ月ほどで母親と同じくらいの大きさになったが、メスは11カ月たっても母親より小さかった。あるオスは生後18カ月で繁殖し、あるメスの初出産は4歳だった。飼育下の最高寿命は12歳

撮影地｜ウガンダ（キバレ国立公園）　撮影者｜Sebastian Kennerknecht

アフリカゴールデンキャットの分布

DATA

和名	アフリカゴールデンキャット
英名	African Golden Cat
学名	*Caracal aurata*
分類	カラカル系統
保全	IUCNレッドリスト―絶滅危惧種：危急（VU）
体重	オス8〜16kg、メス5.3〜8.2kg
頭胴長	61.6〜101cm
肩高	38〜51cm
尾長	16.3〜37cm

チーター
世界最速のネコ、
いや最速のケモノ

夏の草原を緑からピンク色に染め上げるボンボンアザミ。丈高い群生の中をゆったりと歩くチーター。今では主にアフリカの一部でしか見られないが、その生息地はアフリカの大半から中東、インドにまで広がっていた。だから、和名や英名にもなっているチーターとは、そもそもヒンディー語。語源となるサンスクリット語では「彩色された、装飾された」を意味する。だが、美しさは体色だけではない。速く走るためだけに進化した容姿は、実に優美だ。小さな頭や小さな耳、短い鼻づらは、空気抵抗を減らす。上顎の犬歯を小さく、その歯根も小さくすることで、鼻腔を広げ、たくさんの空気を集める。すらりと痩せながら胸板は厚く、そこには大きな肺が納まり、広い鼻孔と一緒に肺活量を増やす。大きな心臓からは大量の血液が供給される。長い足の大腿筋は太く、長い筒状の尾がおもりとなり、舵となり、高速走行中のバランスをとる。引っ込めても鞘(さや)に入らず、露出して尖っていない爪は、地面を蹴る力を高める。肉球に掘られた溝が、急速に方向転換するとき車のタイヤのようなグリップ力(摩擦力)をもたらす。ほっそりした胴とくびれた腰には、すばらしく柔軟な背骨が通り、弓のように上下にしなって、大きく曲がっては伸び、飛ぶように走る。わずか2秒で時速75㎞にも達し、1歩が7mという驚異的な歩幅となる。さらに、ほんの3歩で時速58㎞から時速14㎞に減速したという。最高スピードは時速90～128㎞まで諸説あり、定説はない。ネコ科を含む肉食動物の研究者ルーク・ハンターは、自動車について走るよう訓練されたチーターが時速105㎞だったので、これが計測記録としては最高だ、と宣言するものの、おそらくそれ以上出せるともいう。野生ネコ研究の権威、メル・サンクイスト博士は、一番信頼性の高い推定値は時速109㎞と断定していたが、最新の著作ではそれを時速112㎞に上げている

撮影地｜南アフリカ共和国
(ハウテン州リットフレイ自然保護区)
撮影者｜Richard Du Toit

インパラのメスに襲いかかるチーター。ライオンやハイエナを避けるため、気温の高い日中に狩りをすることの多いチーターは、全力疾走で長距離を走れない。ボツワナでの調査では最長600m、平均173mだった。疾走中に生み出す9割の熱量が体内に蓄積され、体温が上昇しやすく、それも40℃を超えると走れなくなる。よほど相手が油断して無防備でない限り500mも離れて追跡することはない。茂みなどを利用して、身をかがめた姿勢で忍びより、50～70m離れたあたりで追跡開始。追いついたら、写真のように後ろか横を走って、爪で引っかけるなどして転ばす。ここで問題なのは、チーターは爪を出して走るから、つねに地面と接触している爪は、摩耗して鋭くないので引っかからないのだ。そこで活躍するのが前足に1本ずつある2本の狼爪（ろうそう）。足先より少し高い位置にある爪なので、地面に触れることなく鋭い。大きく尖ったフックのような狼爪で、尻や足を引っかけて、転んだ獲物の喉に噛みつく。ただ、歯が小さく、頭も顎も小さいので噛む力は弱い。そのため、じっくり2～10分かけて窒息させる。これがチーターの狩りのテクニックだ。しかし残念ながら、狩りの成功率は、アフリカの野生ネコで最低クラスともいわれ、地域にもよるが25～45%。噛む力が弱いだけでなく、全速力ではわずかな距離しか走れず、よく獲物を逃してしまう。高速走行で体温が上がると、休まなくてはならず、せっかく捕らえた獲物も横取りされてしまうのだ

撮影地｜ケニア（マサイマラ国立保護区）　撮影者｜Anup Shah

すらりとしたスリムな体に長い足、分厚い胸にくびれた腰——。まさに速く走るために設計されたような体をもつのがチーターだ。

各部位の作りも徹底している。空気抵抗を減らすためか、頭は小さい。背骨や関節がしなやかに動き、体全体をバネのようにして大きく跳べる。尾は長く、走りながらバランスを取るのに適している。また爪は、走るときも出たままで（爪を引っ込めることができないといわれることが多いが、実際には、引っ込められるが爪をしまう鞘がない）、靴のスパイクのような役割をして加速を助ける。足の裏の肉球にはタイヤのような溝があって高速で方向転換をすることもできる。そして大きな肺と心臓が、高い心肺機能を生み出すことで、わずか2秒で時速70km以上にまで加速し、最高時速110kmにも達することを可能にするのだ。その加速性能はいかなる車よりも優れている。チーターは地上最速を誇る動物なのである。

生息するのは主にアフリカの、草原や半砂漠地帯、木のまばらな平原だ。そしてチーターは、そのスプリント能力を生かして、ガゼルやインパラ、アンテロープなどの獲物を捕らえて暮らしている（体重40kg以下の小ぶりなものに限る）。相手に気づかれないようにじっくりと距離を詰めたあとは、一気に加速して襲いかかり、喉元を咬んだ状態で5分ほど待ち、窒息させるのだ。

ただしチーターは、長距離を走るのが苦手なため、決着はすぐにつけなければならない。獲物を捕らえるのは走り出してから20秒ほどが勝負であり、成功率は25～45%ほどだという。高い身体能力をもってしても、決して狩りは容易ではないのだ。そのため、母親は子に狩りの訓練をする。ガゼルを生きたまま捕まえてきて子どもの前で放し、子どもに自ら仕留めさせたりもするという。

そうして身につけた高度な技術によって狩りをするが、仕留めた獲物をライオンやハイエナに横取りされることも少なくない。その上ライオンらは、獲物を奪うだけでなく、チーターの子どもも殺す。チーターもライオンも多く生息するタンザニアのセレンゲティでは、子どものチーターの中で生き延びて大人になれるのは、わずか5%に過ぎないという。他の地域でも、生き延びる子どもは3分の1程度である。

しかしチーターにはさらに大きな脅威がある。人間だ。アフリカでは農地、牧草地の拡大によって生息地は減少し、狩猟によっても殺されている。またかつてはアジアにも広く分布したが、現在は、イランの山岳地帯に100頭に満たないほどが生息するのみとなっている。

現在の総個体数は6674頭と推定され、減少する傾向にある。いずれ絶滅する可能性も危惧される。

そは汝がために
走るなれば

母親の顔をじっと見つめるチーターの子ども。ライオンやハイエナなどがいる地域で生き延びるのは、わずか5%に過ぎない。ほとんどが殺されてしまう。だから子連れのメスは、大型の肉食獣がいないか、つねに目を光らせている。日中のほとんどを親子で周囲を探ることに費やすほど。子どもがはぐれると、母親は2km先まで聞こえる鳥のような鳴き声や、「トゥルル（churr）」と子どもを励ます声を出す。チーターは一年を通して繁殖する。妊娠期間90～95日で、平均3～4頭の子を産む。最高記録は8頭。一度に産む子どもの数は、ほとんどの野生ネコより多い。そのため、大型野生ネコの乳首が4～6個なのに対し、チーターは12個もある。生まれたての子どもは150～300g。飼育下では大きく、コロンバス動物園の21頭の平均は463gだった。生後4～10日で目が開き、3週ほどでよく歩くようになる。生後5週で肉を食べられるが、離乳は3.5カ月ほどかかる。子どもは生後14～18カ月まで母親と一緒に暮らす。メスは21～24カ月、オスは12カ月で性成熟するが、メスは2歳、オスは3歳になるまで繁殖することはない。捕獲された飼育下での寿命は12～16歳、1例のみ17歳まで生きた。野生の寿命は飼育下の半分ほどになり、平均寿命はメス6.2歳、オス5.3歳。最年長のメスで13.5歳の記録が残っている。残されたチーターは、あと6,674頭だ

撮影地 | ケニア（マサイマラ国立保護区）
撮影者 | Winfried Wisniewski

"Any mans death diminishes me, because I am involved in Mankinde; And therefore never send to know for whom the bell tolls; It tolls for thee....
── John Donne
(Meditation 17 Devotions upon Emergent Occasions)

 撮影地 | ケニア（マサイマラ国立保護区） 撮影者 | Denis-Huot

イエネコと同じ遺伝子で
縞模様になった

右 | キングチーター
左 | アメリカンショートヘア

小さな黒いスポット模様（斑点）がつながって渦巻き模様になり、背中では縦（背骨）方向にうねうねとした黒い縞が現れる。かつて別の種とされていたが、毛の模様が違うだけでキングチーターはチーターと同じ種である。しかし、同じ種でなぜこれほど模様が違うのかは長年の謎だった。それが解明されたのが2012年。それもイエネコの模様、特にアメリカンショートヘア（68頁）などによく見られる模様が生じる理由と同じだったのだ。黒い点が集まってキングチーター柄になるように、イエネコの規則正しいサバトラ（鯖の腹側のぼやけた縞がトラ柄のように入った模様）やキジトラ（鳥のキジのメスに似た模様で茶色に黒っぽい縞模様）が乱れて太くなる。不規則につながった渦巻き模様を学術的にはブロッチド・タビー、イエネコの世界ではクラシック・タビーといい、日本では雲型模様と訳すこともある。この模様の変化を引き起こす原因遺伝子が発見されたのだ。それがTaqpep（Transmembrane aminopeptidase Q：膜貫通型アミノペプチダーゼQ）という遺伝子。毛の色を濃くする遺伝子Edn3（Endothelin3：エンドセリン3）と連携し、縞模様を決める働きをする。TaqpepのDNAにアデニンが1個挿入されるだけで、突然変異が起こり、イエネコもチーターも不規則な模様になる。ただ、チーターは斑点模様で、イエネコはトラ柄と、元の模様が違うのに、なぜ同じ遺伝子の突然変異で似たような模様になるのかは、いまだ謎に包まれている。キングチーターの模様は、自然界で有利にも不利にも働かないのだろう、一定割合でつねに存在する。イエネコの祖先であるリビアヤマネコがキジトラ系だったので、世界的に雑種のイエネコはキジトラが多いといわれ、日本でも最も多く見られる。しかし、欧米では英国、米国をはじめクラシック・タビー（渦巻き模様）が多い。13世紀にイタリア近郊で生まれたとも、英国ではクラシック・タビーが雑種の8割を占めるので、英国が発祥の可能性があるともいわれる。渦巻き模様を生む遺伝子の突然変異。野生ネコではアフリカの片隅にとどまっているが、欧米ではクラシック（古典的）と名づけられるほど、雑種や品種を問わずイエネコの中心となって広がっている

撮影地 | 南アフリカ共和国（164頁）
撮影者 | Tony Heald（164頁）、alexavol（165頁）

チーターの分布

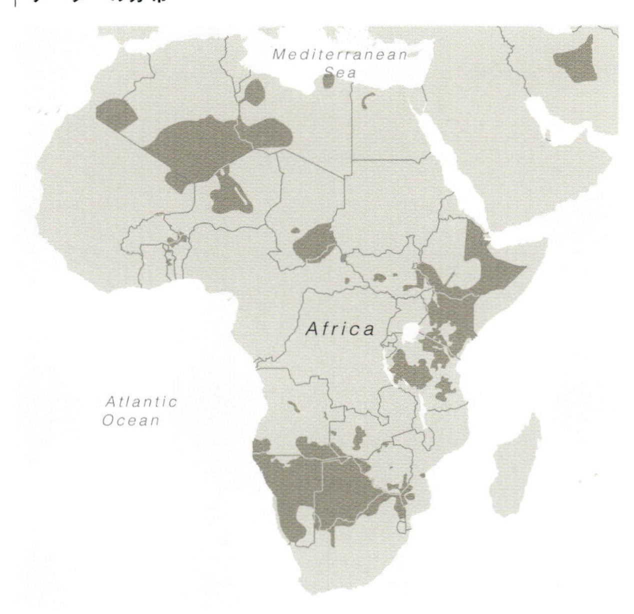

DATA

和名	チーター
英名	Cheetah
学名	*Acinonyx jubatus*
分類	ピューマ系統
保全	IUCNレッドリスト ― 種全体は「絶滅危惧種：危急（VU）」だが、アジアチーターとサハラの亜種Northwest African Cheetahは共に「絶滅危惧種：深刻な危機（CR）」
体重	オス29～64kg、メス21～51kg
頭胴長	オス108～152cm メス105～140cm
肩高	70～90cm
尾長	60～89cm

クロアシネコ

誰も知らない
世界一かわいい野生ネコ

和名も、英名も、学名も黒足。お座り姿を正面から見ると、見た目にボーダー柄のような横縞が首や胸だけでなく、足にもくっきり入る（生物学的には背骨方向が縦なので、足が縦縞、首・胸が横縞）。前足に3本、後ろ足にも最大5本の太くて黒い帯。でも、これが名前の由来ではない。足裏に黒い毛が生えていて、肉球も黒いから、クロアシネコという。散文的に命名すれば「足裏が黒いネコ」。だから足をつかんで裏返してみない限り、見た目で由来はわからない。でも、そんなことをしたら大変だ。世界の野生ネコ界で一、二を争う小ささや（本当は104頁のサビイロネコのほうがちょっとだけ小さい）、子猫のようなあどけなさにだまされてはいけない。クロアシネコは、小さいながらも、勇猛なハンターなのだ。特に頭脳プレーが得意。素早く走り回って獲物を追い立てたり、ヘビのようにクネクネと這うようにゆっくり近づいたり、忍者のように気配を消して待ち伏せしたり。相手と状況に合わせて変幻自在の戦いぶり。時には飛んでいる鳥を空中でキャッチ。ヘビとの戦いはまるでクレバーなボクサーのよう。いきなり飛びかかって、鋭い歯の逆襲なんか受けない。まずは、猫パンチで頭を連打。ヘビがフラフラになったり、気絶したところで、喉をガブリと仕留める。獲物が食べきれないと、穴など安全な場所にきちんと隠す。これは野生イヌではよく見られるが、野生ネコでは珍しい。ちんまりとして童顔だけど、水もない、苛烈なアフリカの大地を生き抜いてきただけに、すごく賢いネコなのである

撮影者｜アフロ

クロアシネコは、インドやスリランカに固有の種であるサビイロネコと並び、ネコ科の中で最も小さい種の一つである。体重は、大きいものでも3kgに満たないほどで、小型のイエネコと同等といえる。また、イエネコ系統に含まれ、次項のスナネコと最も近縁の関係にあるとされる。

アフリカ南部の、南アフリカやナミビアのステップ、サバンナ、砂漠といった乾燥した土地に生息する。ただし、岩のようなシロアリ塚や他の動物の巣穴、または茂みなど、隠れ場がある場所に限られる。雨が降らず動植物もまばらな不毛な土地に適応し、飲み水はほとんどなくても生きられる。また、足の裏に生える毛によって、熱い砂の上を歩くことも問題ない。ちなみに足の裏の毛と肉球が真っ黒であることが名前の由来だ。

基本的に単独で行動し、オスメスでさえほとんど一緒に行動しない。それも、獲物が少ない土地で各々が十分な食べ物にありつくための適応と考えられる。ただそれでも、メスの発情期には、オス、メスが出会える方法が必要である。それゆえなのだろう、声によるコミュニケーションが発達していて、相手を探す際には、トラの吠え声を高くしたような大音量の鳴き声を出すという。

また縄張り意識が強いことでも知られている。自らの行動圏は尿によってマーキングをするが、それは交尾期に活発になり、一晩に585回も尿をして回ったオスもかつて目撃されている。

体が小さくともハンターとしては非常に果敢で、活動的だ。狩りは主に夜間や明け方に地上で行い、その方法としては、主に次の3通りのスタイルがあるという。すなわち、「素早い狩り」（草むらを素早く動き回って隠れた獲物を追い立てる）、「ゆっくりした狩り」（茂みの周りなどを注意深く静かに動き、聴覚の良さを生かして獲物を見つける）、そして「待ち伏せ」（げっ歯類などの巣穴の前でじっと待つ）である。

こうした方法を駆使して、主にげっ歯類や鳥類を獲物とするが、鳥の場合、飛行中の個体を1m以上も跳び上がって捕らえることも珍しくない。また、ウサギなど、自分と同等の体重と思われる相手であっても、力で抑え込めそうであれば押し倒し、頭や喉に噛みついて殺す。その他、シロアリやバッタなどの昆虫類、トカゲなどの爬虫類、そして両生類なども見つければ食べる。

クロアシネコは、人の前には姿を見せることが少ないため今も不明な点が多く、保全状況もはっきりとはわかっていない。ただ、各地の放牧や農業の発達によって生息環境が悪化していることに加え、生息すると思われていた地域で近年まったく姿が確認されていないケースも多い。今後絶滅する危険性もあると懸念されている。

左右に離れた丸い大きな耳を伏せて、ネコが枝の上でうなっている。子猫が親を呼んでいるのか。いや違う。こんな様子でも大人のネコなのだ。賢いクロアシネコは、声のコミュニケーションも発達している。広大な砂漠にまばらに暮らしているので、遠くの相手を探す求愛には不可欠なものだ。南アフリカの生息地ベンフォテイン自然保護区の数少ない調査記録によると、100㎢に本種はわずか16.7頭しかいない。平均すると2.5㎢にぽつんと1頭がたたずむことになる。だから、その小さな体から発する音は「トラの吠え声を1オクターブ上げた鳴き声」と表現される。自分の大声から感度の良い耳を守るためか、写真のように声を出すと同時に耳を伏せる。また、声だけでなく、マーキングも利用する。イエネコでも見られる尿をまき散らす行為は、主に縄張りの主張だが、クロアシネコでは遠くの相手に送るメッセージでもある。オスのほうが多く、1時間に10〜12回ほど。驚異的な最高記録は交尾前夜のオスで、585回。水がない大地で、水もほとんど飲まない動物としては、信じられない数値だ。それだけ必死にメスに訴えかけた、だから交尾に成功したのだろうか

撮影者｜アフロ

この写真こそ、正真正銘の子猫。色柄は親のクロアシネコと同じ。足をはじめ首や胸に縞模様、体に大きな斑点(スポット)模様がある。だから英語の別名はSmall-spotted Cat「小さな斑点模様のネコ」。その名に反して黒い斑点は大きい。南アフリカの東ケープ州では黒色の斑点、それ以外は赤茶から焦げ茶で薄くなる。繁殖はふつう南アフリカが夏になる11～12月、出産は獲物の多い雨期が終わる2月まで、遅くとも冬前の5月頃まで。妊娠期間は63～68日でイエネコより1週間ほど長く、ふつう1～2頭の子しか産まない(稀に4頭)。生まれたての赤ちゃんはイエネコで100gにあるがクロアシネコは60～87.9gほど。やはり小さい。逆に身体能力の発育は非常に早く、生まれたその日から這ったり、頭を上げることができる。生後6～9日で目が開き、15日になると素早く動ける。外敵から隠れる場所の少ない過酷な環境では、早く成長しないと生き抜けない。離乳時期はイエネコと同じ生後1カ月ほど。子どもは生後15～17週ほど母親に育てられ、父親は育児に参加しないので母親が狩りに出ると子どもたちだけで、シロアリの塚などの巣穴に残される。メスは7カ月で、オスは7.5カ月で性成熟する。最長寿命は野生で8歳、飼育下で15歳3カ月

撮影者 | アフロ

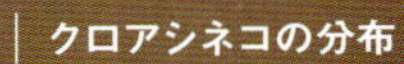
クロアシネコの分布

DATA

和名	クロアシネコ
英名	Black-footed Cat
学名	*Felis nigripes*
分類	イエネコ系統
保全	IUCNレッドリスト―絶滅危惧種：危急（VU）
体重	オス1.5〜2.45kg、メス1〜1.6kg
頭胴長	オス36.7〜52cm、メス35.3〜41.5cm
肩高	オス27cm、メス25cm
尾長	12〜20cm

スナネコ

砂漠の中心で
愛をさけぶケモノ

おでこが大きい。それに押されてか、横広がりの顔の下にキュッと目鼻が寄って可愛い。毛の色は名前の通り、砂漠に溶け込む砂色。地味な薄い灰色から鮮やかな金の砂色もいる。座ったり、歩く姿を前から見ると、前足のアームバンドのような黒い帯が目を引く。尻尾の先のほうにリング状の黒い縞があって、尾の先は黒。気温がかなり下がる中央アジアでは、冬毛がマヌルネコ（100頁）のようにかなり長くなる。足裏はびっしり長毛が肉球を覆う。灼熱の砂から足裏を守り、砂丘を歩く滑り止めにもなる。雪上を歩く道具「かんじき」の砂漠版のような役割を果たす。砂漠の環境は過酷で、スナネコは冬の気温マイナス25℃、夏45℃、砂の表面温度80℃で暮らす。そんな環境に耐える身体機能をもっている。だが、それだけで果てしない時を生き残れたわけではない。写真のように大きな耳があったからこそ。この耳がアンテナのように音を集め、その音を耳の中でさらに増幅する。だから500m以上も離れた場所の音が聞こえる。遮るものとてない乾燥した砂漠は、音がよく通るので、高性能な耳は遠くにざわめく小さな獲物や敵を逃さない。その体は肉食獣としては小さくて、わずか2kgほど。日本猫の3分の2くらいだ。だが、その小さな体からほとばしる大音量は、砂漠の夜の静寂を揺るがせる。求愛の相手を求め、果てない砂漠の中心で愛をさけぶのだ。そんな、けものがスナネコだ

撮影者｜アフロ

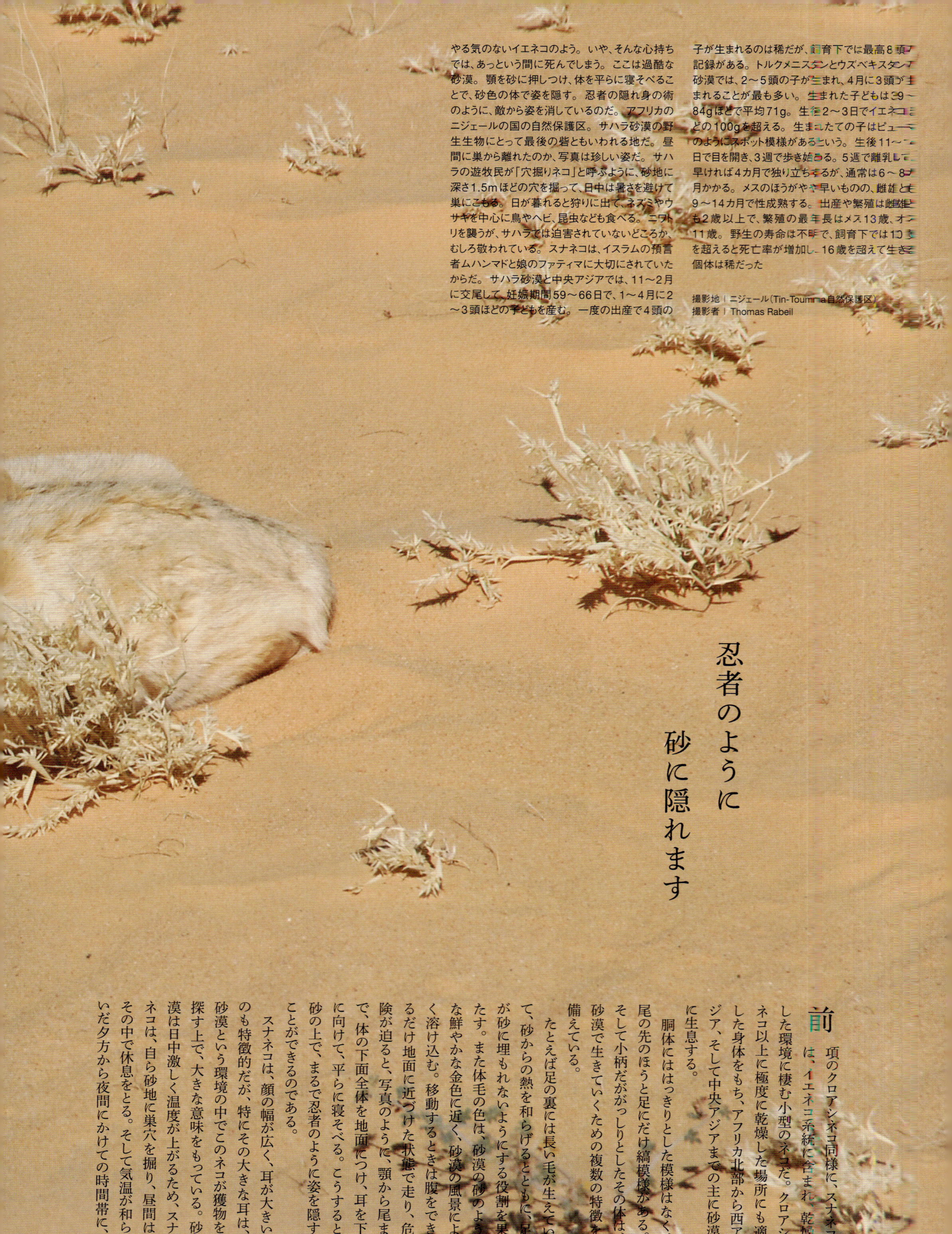

やる気のないイエネコのよう。いや、そんな心持ちでは、あっという間に死んでしまう。ここは過酷な砂漠。顎を砂に押しつけ、体を平らに寝そべることで、砂色の体で姿を隠す。忍者の隠れ身の術のように、敵から姿を消しているのだ。アフリカのニジェールの国の自然保護区。サハラ砂漠の野生生物にとって最後の砦ともいわれる地だ。昼間に巣から離れたのか、写真は珍しい姿だ。サハラの遊牧民が「穴掘りネコ」と呼ぶように、砂地に深さ1.5mほどの穴を掘って、日中は暑さを避けて巣にこもる。日が暮れると狩りに出て、ネズミやウサギを中心に鳥やヘビ、昆虫なども食べる。ニワトリを襲うが、サハラでは迫害されていないどころか、むしろ敬われている。スナネコは、イスラムの預言者ムハンマドと娘のファティマに大切にされていたからだ。サハラ砂漠と中央アジアでは、11～2月に交尾して、妊娠期間59～66日で、1～4月に2～3頭ほどの子どもを産む。一度の出産で4頭の子が生まれるのは稀だが、飼育下では最高8頭の記録がある。トルクメニスタンとウズベキスタンの砂漠では、2～5頭の子が生まれ、4月に3頭が生まれることが最も多い。生まれた子どもは39～84gほどで平均71g。生後2～3日でイエネコほどの100gを超える。生まれたての子はピューマのようにスポット模様があるという。生後11～15日で目を開き、3週で歩き始める。5週で離乳して、早ければ4カ月で独り立ちするが、通常は6～8カ月かかる。メスのほうがやや早いものの、雌雄とも9～14カ月で性成熟する。出産や繁殖は雌雄とも2歳以上で、繁殖の最年長はメス13歳、オス11歳。野生の寿命は不明で、飼育下では13歳を超えると死亡率が増加し、16歳を超えて生きる個体は稀だった

撮影地｜ニジェール(Tin-Toumma自然保護区)
撮影者｜Thomas Rabeil

忍者のように砂に隠れます

前項のクロアシネコ同様に、スナネコは、イエネコ系統に含まれ、乾燥した環境に棲む小型のネコだ。クロアシネコ以上に極度に乾燥した場所にも適した身体をもち、アフリカ北部から西アジア、そして中央アジアまでの主に砂漠に生息する。

胴体にははっきりとした模様はなく、尾の先のほうと足にだけ縞模様がある。そして小柄だががっしりとしたその体は、砂漠で生きていくための複数の特徴を備えている。

たとえば足の裏には長い毛が生えていて、砂からの熱を和らげるとともに、足が砂に埋もれないようにする役割を果たす。また体毛の色は、砂漠の砂のような鮮やかな金色に近く、砂漠の風景によく溶け込む。移動するときは腹をできるだけ地面に近づけた状態で走り、危険が迫ると、写真のように、顎から尾まで、体の下面全体を地面につけ、耳を下に向けて、平らに寝そべる。こうすると砂の上で、まるで忍者のように姿を隠すことができるのである。

スナネコは、顔の幅が広く、耳が大きいのも特徴的だが、特にその大きな耳は、砂漠という環境の中でこのネコが獲物を探す上で、大きな意味をもっている。砂漠は日中激しく温度が上がるため、スナネコは、自ら砂地に巣穴を掘り、昼間はその中で休息をとる。そして気温が和らいだ夕方から夜間にかけての時間帯に、

獲物を探しにいくのだが、砂漠には獲物が少ないため、暗闇の中、広い範囲(一晩に8～10㎞)を移動して獲物を探さなければならない。その時に頼りになるのが聴覚なのだ。

耳は、大きいだけでなく、その位置や内部の構造が、音の発生源を特定し、周波数の低い音を吸収しやすいようになっている。またこの精巧な耳は、メスの交尾期に、オスとメスが相手を求めて砂漠の中で声を出し合ったとき、互いの場所を知り、出会うのにも役立っている。

砂漠は夏と冬の寒暖差もとても大きい。たとえば、中央アジア・トルクメニスタンのカラクム砂漠では夏は45度、冬はマイナス25度というほど上下する。スナネコはそのような時期は、自分で掘った巣穴にこもって過酷な環境を乗り越える。

獲物としては、主に各種ネズミやウサギなど、砂漠に生息する小型哺乳類を捕食するが、場所によって鳥類、爬虫類など幅広く何でも食する。サソリやクモなどの無脊椎動物も好んで食べる。またスナネコは、それらの獲物から必要な水分を得られるため、クロアシネコ同様、飲み水はなくても生きていける。

サハラの遊牧民はスナネコを、その習性から「穴掘りネコ」と呼び、敬まっている。それは、イスラム教徒の伝統では、スナネコは、預言者ムハンマドと娘のファティマに大切にされていたと信じられているからであるという。

スナネコの分布

DATA

和名	スナネコ
英名	Sand Cat
学名	*Felis margarita*
分類	イエネコ系統
保全	IUCNレッドリスト－低懸念(LC)
体重	オス2～3.4kg、メス1.35～3.1kg
頭胴長	オス42～57㎝、メス39～52㎝
体高	20～26㎝
尾長	23.2～31㎝

アフリカ・中東ゆかりのイエネコ

中東の肥沃な三日月地帯で生まれたイエネコたちは、エジプトで完全にペット化されて世界に広がっていった

ソマリ

英名─Somali
起源─現代（1960年代）　原産─米国
体重─3.5 〜 5.5kg

「アビシニアンに近しい存在」を強調するため、アビシニア（現在のエチオピア）の隣国名、ソマリアにちなんで名づけられた。ソマリの品種としての公認には、アビシニアンの育種家の中に反発があったからだ。一般に自然発生の突然変異により、短毛のアビシニアンから誕生した長毛種と位置づけられている。一方で、激減したアビシニアンを存続させるため、英国で猫種不明の長毛種と異種交配が行われた結果、長毛という劣性遺伝子が受け継がれたとする説もある。首まわりに襟毛（ラフ）があり、ふさふさした長い尾をもつが、毛は全体にそれほど長くなく、2.5〜3.5cmほど。被毛は柔らかく絹のようで、一本一本に3〜12本の色帯が入って美しく輝く

撮影者 | Adriano Bacchella

アビシニアン

英名— Abyssinian
起源—中世〜近世　原産—東南アジア、英国（19世紀）　体重— 4 〜 7.5 kg

最も古いイエネコの品種のひとつで、その出自を断定できる人は存在しないとまでいわれる。まず、紀元前3000年頃の壁画などに似た絵が残されており、古代エジプトで神と崇められた聖なる猫だとする説。これは推論の域を出ないが支持者は多い。1871年、英国のクリスタルパレスで行われた世界初のキャットショーでは、3位に輝いた猫としてアビシニアンの名が残されている。名前は、アビシニア（現在のエチオピア）戦争後、兵士が現地から連れ帰ったことに由来するが、これらの猫と現在の種との間に遺伝的なつながりは見つからなかった。一方、2007年に発表されたイエネコの大がかりな遺伝子分析の結果から新たな見解が示される。本種はインド洋沿岸部や東南アジアで進化したとされ、東洋と西洋の架け橋となる種と推定されたのだ。それを裏付ける最古の証拠は、オランダのライデン自然史博物館が1834〜1836年に入手した剥製だ。現在の種に非常によく似た姿の剥製、そのラベルには「原産国インド」とある。これは遺伝子分析の結果とも符合する。最近の定説は、ブリティッシュショートヘア（42頁）など多様な英国の在来種が、19世紀末にやってきたインドや東南アジア、北アフリカの猫と交配・改良を繰り返して、品種が確立されたというもの。つま先立ちでそっと歩く様子に加え、美しい半透明の被毛が本種の大きな魅力。一本一本の毛が濃淡の帯に交互に区切られ、太陽の下ではきらきらと輝く。その神々しい姿が数々の伝説を生むのかもしれない

撮影者｜アフロ

ソコケ

英名— Sokoke
起源—古代　原産—ケニア　体重— 3.5 〜 6.5 kg

ソコケはケニア沿岸部で自然発生した希少なイエネコである。1978年以降に欧米で交配され、品種として確立された。名前は生息地のアラブコ・ソコケ・フォレスト国定保護区に由来する。現地のギリアマ族は「カヅンゾ（Kadzonzo）」の名で呼んだ。2015年に本種を予備的公認した英国の猫種登録団体GCCFによれば、これは「樹皮のように見える」を意味し、側面の独特なクラシック・タビー（渦巻き模様）を表すという（他に「おいで、かわいい子」の意味とする説もあり、現地の地域名、学校名にもその名がある）。野生ではほとんど絶滅しているとされる。写真は現地で野生動物写真家が撮影したもの

撮影地｜ケニア（ナニュキ沿岸部）
撮影者｜Tui De Roy

1　万年ほど前のイスラエルの穀物貯蔵庫跡でハツカネズミの骨が見つかっている。ヒトが農耕を始めたことで、ネズミと猫が集まってきた。

同じイスラエルで3700年前の象牙の猫の彫刻が見つかり、3600年前のエジプトの絵画に完全に飼い慣らされた猫が描かれている。多くの絵画や彫像、モザイクに描かれた猫の様子から、完全にペット化されたことと同時に、もう一つのことがわかるという。野生ネコの権威サンクイスト博士によると、その姿形は、現代のイエネコよりも、原種のヨーロッパヤマネコに近いという。肩甲骨が突き出したチーターのような歩き方が見て取れ、リビアヤマネコからイエネコへの進化の途上だったと考えられる。

一方でエジプシャンマウ（13頁）は古代エジプト人が描いた猫に似ていることから、その祖先は古代エジプトにまで遡るとする説もある。逆にアフリカ原産とされていたアビシニアンは、インド洋沿岸から東南アジアあたりで生まれたと考えられ、現在では近代種とされる。ペルシャ（4頁）やターキッシュバン、ターキッシュアンゴラ（22頁）は、昔から存在しているものの、中世以前の記録は見つかっていない。

ソコケが猫種として公認されたのはつい最近だが、原産地ケニアでは人間社会とつかず離れず、半野生の生活をしてきた。この種は古い時代から存在すると考えられている。

左｜ターキッシュバン

英名—Turkish Van
起源—古代　原産—トルコ　体重—3～8.5kg

泉水の金魚をじっと見つめるメスのターキッシュバン。撥水効果のある毛が水滴をはじき、水遊びを好むことからスイミングキャットの愛称をもつ。名前の由来は、バン湖。標高1,646mの高原上にあるトルコ最大の湖で、塩分は30%に達し、魚も棲まない。イエネコのなかでも最古の種のひとつ。古代に塩の湖あたりで自然発生した。紀元前5000年頃の出土品にもその痕跡が残されている。特徴のある色柄は「バンパターン」という模様の一般名称にもなっている。真っ白なチョーク・ホワイトの胴で、頭と尾だけにオーバーンと呼ばれるレッド（赤みがかった薄い茶色）が入る。額はハチワレ状で、白い斑点は神の親指の痕跡ともいわれる

撮影者｜Jane Burton

右｜セイシェルワ

英名—Seychellois
起源—現代（1980年代）　原産—英国、セイシェル　体重—4～6.5kg

アフリカ大陸から東に1,300kmのインド洋に浮かぶ大小115の島々に鮮やかな模様の猫がいたという。その猫の再現を目指し、英国でシャム（126頁）、トーティ（べっ甲柄）・アンド・ホワイトのペルシャ（4頁）を交配し、後にオリエンタル（127頁）を加えて生まれた。交配にセイシェル諸島の猫を使わなかったため、名称としては残ったものの世界的な品種としては確立していない。頭と尾に濃色が入るヌーヴィエーム（Neuvieme）、さらに足が加わるユイチエーム（Huitieme）、さらに体が加わるセチエーム（Septieme）の3タイプがある。名前の由来は国名で、島の香料植物を探させたフランスの財務長官セシェル（Seychelles）子爵にちなむ

撮影者｜Petra Wegner

イエネコなのに
水が大好き

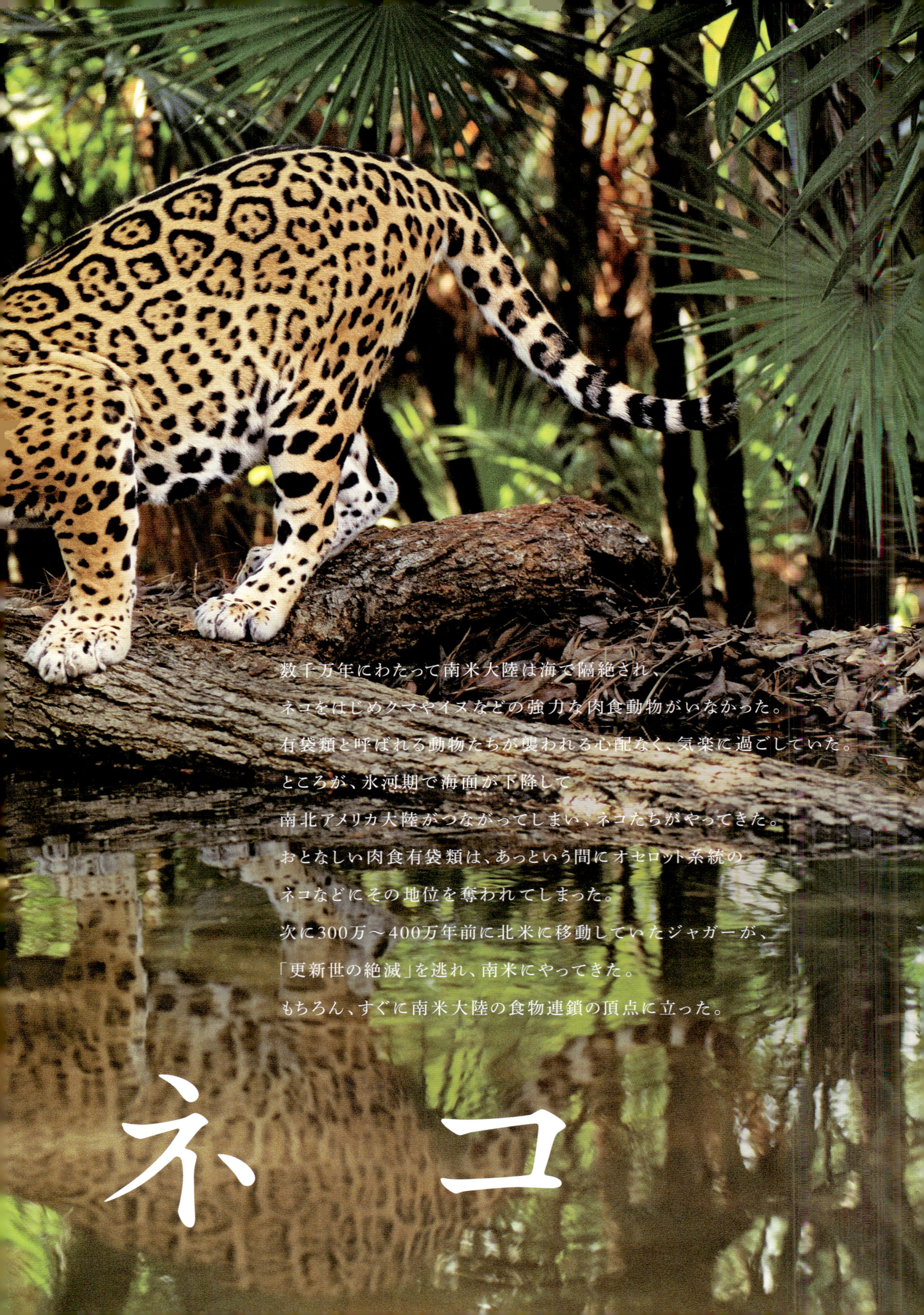

数千万年にわたって南米大陸は海で隔絶され、
ネコをはじめクマやイヌなどの強力な肉食動物がいなかった。
有袋類と呼ばれる動物たちが襲われる心配なく、気楽に過ごしていた。
ところが、氷河期で海面が下降して
南北アメリカ大陸がつながってしまい、ネコたちがやってきた。
おとなしい肉食有袋類は、あっという間にオセロット系統の
ネコなどにその地位を奪われてしまった。
次に300万～400万年前に北米に移動していたジャガーが、
「更新世の絶滅」を逃れ、南米にやってきた。
もちろん、すぐに南米大陸の食物連鎖の頂点に立った。

ネコ

北をメキシコに接するベリーズは、東にカリブ海、西に密生したジャングルが広がり古代マヤ文明のピラミッドがそびえ立つ。その密林の王者が写真のジャガーである。アジアのトラ、アフリカのライオンに次ぎ世界で3番目に大きく、現生の野生ネコでは並ぶもののない屈強な体躯と評される。まさに中南米の食物連鎖の頂点に君臨する存在である。中南米のスペイン語圏ではel tigre（トラ）、ブラジルではポルトガル語のonca（オンカ）とも呼ばれて親しまれている。ジャガー（Jaguar）の名前は、先住民族の言葉yaguará（ユグアラ）に由来し、「ひと跳びで獲物を圧倒する野の獣」や単に「イヌ」を意味する。たとえば、ピューマはyagua pita（ユグア・ピタ）と呼ばれ「赤いイヌ」のことだ。
ジャガーは数千年にわたって先住民族の文明、文化、宗教に深く関わり、生活に根づいた存在でもある。古代からジャガーを神と崇め、ヒトはジャガーに生まれ変わり、ジャガーはヒトにもなれる、と多くの人々が信じていた。ジャガーは生命力あふれる存在で、ヒトの守護者だった。しかし、今ではその生息地の半分を失い、畜牛を襲う害獣として牧場主に撃ち殺されている。年をとったり、けがや病気をかかえたジャガーは、仲間との競合を避けるため、また餌動物を狩猟の対象とされ、どうしても家畜を襲いやすくなる。ここベリーズでは、ジャガー殺しを減らすため、2003年から米国の魚類野生生物局と協力して、傷ついた個体などを保護して復帰させるプロジェクトを試みている。
映像だけでジャガーとヒョウとを見分けるのは難しいが、写真のように豹柄、別名ロゼット柄（バラの花模様）の中に黒い点があるのがジャガー、なければヒョウ。ロゼットとは、ヨーロッパに古くからある模様で、日本ではリボンで縁取られた花形の飾りとして知られる。ヒョウの模様は、ロゼット柄だけでなく、顔や頭、肩に小さな黒い斑点、四肢と白い腹側に大きな黒い斑点がある。ジャガーは生息地域ごとに大きさがかなり異なり、ベリーズは最小クラスの体重30kg台、ブラジルの大きな個体は100～150kgほどもある

撮影地｜ベリーズ　撮影者｜Gerry Ellis

Part 5 —— Cats of South America

南米の

ジャガー

ヒトの守護者として かつて神と敬われた

ブラジルの中西部、マットグロッソ高原を南西に流下するクイアバ川。やがて川はパンタナルと呼ばれる大湿原に注ぎこまれる。日本の本州に匹敵する湿原には、それぞれ数百種の哺乳類や爬虫類、千種を超える鳥類が棲む。雨期ともなると、降り続ける雨でその8割が水に沈む。そんな世界に生きるジャガーは、最も水に適応した野生ネコといわれる。川幅が2km以上もあるアマゾン川でさえ苦もなく泳ぎわたる。乾季だろうか。夕暮れのクイアバ川の中州で大きなジャガーが休んでいる。パンタナルに棲むジャガーは、最大だ。オスなら150kgに達する個体もいる。無敵の彼らにとって、川辺は絶好の狩り場となる。しかし、世界自然遺産に登録され保護されている地域は、湿原全体のほんの1%ほど。残りのほとんどは牧場主たちの私有地である

撮影地｜ブラジル(クイアバ川パンタナル)
撮影者｜Suzi Eszterhas

メキシコ北部からアルゼンチン北部にかけての領域に分布するジャガーは、南北アメリカ大陸最大のネコ科動物だ。ネコ科全体でも、トラ、ライオンに次いで3番目に大きい。

一見ヒョウに似ているものの、外観に複数の違いがある。まず斑紋が、ヒョウより大きく、ジャガーは胴体に広がるロゼット（バラの花状の模様）の中央に黒い斑点がある。次に、ジャガーはヒョウよりもがっちりとした体格をもつ。頭は大きく、足は太くて短い。胸も分厚く、腰はくびれて、屈強な雰囲気に満ちている。

森林地帯の沼沢地や川辺、マングローブ林、湿地草原、季節的に浸水する森林など、水のある場所を特に好むが、乾燥した森林や低木地なども含めて、様々な環境に適応する。川幅2㎞を超えるアマゾン川を泳いで渡れるほど泳ぎがうまく（足先は幅広く、前足はパドルとしての役割も果たす）、水中を泳いで魚などの獲物を襲うこともあれば、河岸に身を潜め、近づいてきたカイマン（ワニ）に向かって水の中に飛び込み、噛みついて仕留めることもある。

陸上では主に、アルマジロ、ペッカリー、カピバラ、げっ歯類、鳥類などの比較的小さな獲物を捕るとともに、見つければシカやバクなど中～大型の哺乳類も捕食する。草の茂みに隠れながら近づいたり、木の上で待ち伏せたりした後に、いきなり跳びかかって息の根を止める。その際、他のネコ科動物同様に、首や喉を噛んで窒息させるということもするが、強力な顎で頭に噛みつき、頭蓋骨をかみ砕くという方法がジャガー独特の得意技だ。またカメもジャガーの主要な獲物で、たとえばウミガメは、主にメスが産卵のため海岸に集まってくる時期を狙って捕食する、といった具合である。

獲物を食べきれない場合は、土をかけたり、茂みに引きずり込んだりして隠すこともする。また、家畜もよく襲い、主に畜牛がその対象となる。ブラジルやメキシコの一部の地域では、食物の3～6割程度を占めるほど畜牛が重要な獲物となっている。

他のネコ科動物同様に、単独で行動し、縄張り意識は強いが、1頭で独占する領域は狭く、複数の個体がその周囲の行動圏を重複させながら暮らしている。行動圏の大きさは、その地域の環境や獲物の取りやすさにより、数十～数百㎢、時に1000㎢を超える場合もある。生息密度は、100㎢あたり2、3頭から7、8頭とされている。

現在も分布範囲は広いものの、過去に生息した地域の約半分ですでに絶滅し、全体の個体数は減っていると考えられている。他の多くのネコ科動物同様、森林の減少、そして毛皮目的などの密漁が脅威である。また、家畜を襲うために人間に迫害される影響も甚大で、その対策が急務となっている。

その噛む力はライオンやトラよりも強い

ブラジルの大湿原パンタナルの8月。乾季の川辺ではジャガーの休む姿とともに、時には思いがけなく壮絶な狩りのシーンが見られる。他の野生ネコのように喉を噛んで時間をかけて窒息死させるような手間はかけない。強力な顎と牙で頭蓋骨をひと噛みして終わり。鋭く巨大な犬歯は、パラグアイカイマンの硬く厚い皮も、頭蓋骨も突き抜ける。好物のカピバラはもちろん、頑丈な牛の頭蓋骨でも、耳の後ろをひと噛みすれば犬歯が脳に達する。大きな淡水ガメの甲羅も同様だ。ジャガーは野生ネコでは珍しく、カメも食べる。それもオサガメやアオウミガメなどの巨大なウミガメを海岸で襲う。カワイルカさえ殺した観察例がある

撮影地｜ブラジル（パンタナル）　撮影者｜アフロ

ジャガーは人間を襲わない

子どもながら立派な前足。短くがっしりしている。ぬかるんだ地面でも歩きやすいよう、足先は非常に幅広で、泳ぐときにはパドル(櫂)としても使える。そろそろ母親について歩けるくらいの大きさだ。ジャガーは動物園での繁殖例は多いものの、野生での繁殖はほとんど知られていない。飼育下の繁殖は一年を通して見られ、熱帯地域でも同じとする説が強い。ただし、根拠はまだ弱いが、温帯地域では夏の出産が多いとされる。飼育下の妊娠期間91〜111日、平均101〜105日で1〜4頭、ふつう2頭の子を産む。体毛には斑点があり、体重は700〜900g。生後3〜13日で目を開ける。離乳は生後10・11週で始まり、5・6カ月で完了する。オスはメスより早く成長し、1歳半で25%、2歳で5割ほど体重が重い。狩りを始める時期はわかっていないが、生後15〜18カ月になると、母親の縄張り内で子どもだけで狩りをすることが観察されている。2歳になるまでには独り立ちし、メスは2〜2歳半、オスは3〜4歳で性成熟する。野生の寿命は不明だが、ベリーズでは11歳以上のジャガーはほとんど生息していないと推定されている。飼育下の寿命は20〜25歳で、1頭のメスはなんと32歳まで生きた。なお、芸をするジャガーを見ないように、ヒトにあまりなつかない。人工飼育された個体でも気難しい。ところが、トラやライオン、ヒョウがヒトを襲ったり、食べたりすることはたびたび報告されるが、なぜかジャガーが人を襲う例はほとんどない。人が狩猟などで手ひどく扱ったケースだけだという。

撮影者｜ZSSD

ブラックパンサーは漆黒だけじゃない

強さの象徴である漆黒の野生ネコ、ブラックパンサー。メラニズム（黒色素過多症）の体色は、漆黒に見えるだけでなく、光の当たる角度によって、薄闇の地色に斑点がうっすら浮かび上がる。質感や立体感が出やすい斜めに差し込む光で見ると、漆黒に思えた個体でもロゼット柄が見えたりする。ロゼット柄のジャガーなど、野生ネコの多くは耳の裏が黒く白い虎耳状斑（こじじょうはん）が見られるが、メラニズムに白斑はない。中南米の先住民は、模様の違いからジャガーを4･5種類に区別して、なかでもブラックジャガーを最強とする。偉大なブラックジャガーは、柄のあるジャガーとは決して交配しないと信じている（パンサーの名称の意味は53･141頁の写真解説を参照）

撮影者 | Roland Seitre

ジャガーの分布

DATA

和名	ジャガー
英名	Jaguar
学名	*Panthera onca*
分類	ヒョウ系統
保全	IUCNレッドリスト―準絶滅危惧（NT）
体重	オス36～158kg メス36～100kg
頭胴長	オス110.5～270cm メス116～219cm
肩高	68～76cm
尾長	44～80cm

オセロット

南米の美しい
中型の野生ネコ

シェークスピアか、と思わせる素晴らしい名前。でも、オセロットの名前の由来は、ラテン語や古代アステカの言葉はあるものの、諸説ゆらぎがあるわりに、単に「目」の意味だったりして、つまらない。それより現地名のマニゴルド(manigordo)がオセロットの特性をよく表していて、おもしろい。「太った手」という意味だ。オセロットの前足は、後ろ足よりずいぶん大きい。走って獲物を追い込みきる野生イヌとは違って、野生ネコのハンティングは、追い込んだあとの前足の働きが重要だ。柔軟な前足首を使って、爪で引っかける、つかむ、殴る…いわゆる、猫パンチも重要だ。がっしりした体躯の中型野生ネコで、顎が太く、犬歯も大きい。仕留める能力も完璧。前足の密林のハンター。それがオセロットだ

撮影者 | Rolf Nussbaumer

同じ模様のオセロットは存在しない

かつては米国南部にも生息していたオセロット。今はメキシコから南米の北半分ほど、アルゼンチン北部までが生息地だ。そのあまりの美しさゆえ中南米から毎年20万頭の毛皮が輸出されていたという。それはどこに、今は誰がもっているのだろうと、問いたくなる。2016年、テキサス州の丈高い草むらの中でオセロットの巣が見つかった。そこにいたのが400gほどの男の子。米国で野生の赤ちゃんが見つかったのは、20年ぶりのことだそうだ。米国にはテキサス州だけに100頭ほどが生き残っている。国際自然保護連合(IUCN)によるオセロットの評価は「軽度懸念」だが、米国では「絶滅危惧種」だ。毛皮の国際取引も生息国での狩猟も禁止になったものの、今でも違法取引や密輸も終わらないという。娯楽の狩りも多い。木登り上手の野生ネコを仕留めるのは簡単だ。悪気のないイヌを使って木の上に追い込み、銃でズドン

撮影地｜エクアドル　撮影者｜Pete Oxford

オセロットは、全身に美しい斑紋をもつ中南米の原産の中型ネコだ。南はアルゼンチンから北は米国南部まで、連続的に分布する。

樹木のあるサバンナや低木林、熱帯雨林、沼地やマングローブ林など、標高1200m以下の様々な環境に生息する。ただし、どんな場所でも幅広く適応できるわけではなく、いずれの環境においても密生した茂みを強く好む。そうした場所で、他のネコ科動物と同様に基本的には単独で、固定的な行動圏の中を行動し、獲物を得る。

狩りの方法には、歩きながら耳を澄まして獲物を探すか、もしくは、獲物の居場所を探し出して待ち伏せするかの2つがある。ウサギ、オポッサム、ネズミなど小型の哺乳類を主に狙うと考えられてきたが、オジロジカの子どもなど、大型の獲物を倒すことも知られている。体格は筋肉質でがっしりとしていて、前足が大きくて力強い。大物を倒すのにも適した身体をもっているのだ。

その他、魚類、両生類、甲殻類なども含め、生息する環境や季節によって得やすい獲物を臨機応変に選んで食べる。様々な環境に適応できるのはそのためだろう。人間が手を加えた農地や牧草地などにも生息できるという。

普段は単独で行動しながらも、オスとメスで出会い、メスが発情していると、何日か一緒に暮らして交尾に至る。子は母親が単独で育て、1年か1年半ほどで性的に成熟し、狩りも身につけると母親の元を離れていく。しかし、その多くが、自らの行動圏を得る前に死亡してしまう。その主な原因の一つに交通事故があるという。

しかし交通事故に遭わずとも、オセロットは以前から人間によって命を奪われてきた。毛皮が美しく、人気が高かったためだ。60年代、70年代には、年間14万〜20万頭の毛皮が中南米から輸出されていたという。現在は毛皮の国際取引は違法となり、オセロットの狩猟も禁止されているものの、違法な狩猟や取引はなお行われている。

オセロットは、他のネコ科動物に比べて、メスが産む子どもの数が少ない。1年おきにしか産まず、生涯に5頭ほどでしかないという。そのため、一度個体数が減ると回復が難しい。分布範囲が広く、全体では保全状況に懸念はないとされるものの、米国南部やメキシコなど、分布域の周縁部分では、局所的に絶滅したか、またはその危機にある。

オセロットを含み、現在中南米に生息する8種のネコ科動物がオセロット系統を構成する。800万年前にネコ科動物の共通祖先から分岐し、アジアからベーリング海峡、北米を経て、中南米へと移動し、8種に分岐した。オセロットは、その中で次項目のマーゲイと最も近縁の関係にある。

オセロットの体毛は、色も、模様の形もさまざまで、ヒョウの柄ほど安定していない。それだけ多様なのである。個体差があまりに激しく、同じ模様をもつ個体は1頭としていないという。地色だけでもクリーム色から黄褐色、シナモン色、赤褐色、そして灰色まで幅がある。さまざまな地色に、さまざまな色・形の模様が体側に沿って流れる。「縞模様であったり、帯状だったり、鎖のようにつながったり、斑点の形や大きさも絡み合って素晴らしい」と動物記で有名なアーネスト・トンプソン・シートンも、オセロットの美しさを賞賛している。「人に色柄を説明するのが最も困難な野生ネコ」と、19世紀を代表する博物学者、リチャード・ライデッカーも述べている。一定の特徴としては、首から尾の付け根まで、肩や背中に斑点が鎖のようにつながって4・5本の濃い縞になることがよくある。尾はリング状の縞もあれば、上面だけの縞もある。顎下から喉、腹の地色は白。足の斑点は小さく単色で、内側に1・2本の横縞が入る

撮影地｜エクアドル（アマゾン）　撮影者｜Pete Oxford

子どもは一度にひとりしか産まない

赤ちゃんだと、オセロット、マーゲイ、タイガーキャットとの見分けは難しい。それに、よく見られる野生ネコなのに、野生での繁殖があまり研究されていない。一年を通して出産するとされるが、北部での出産は秋だとする説もある。妊娠期間は79～82日。日本で初めて繁殖に成功した上野動物園では75日。稀に3頭を産むことはあるが、一度に産むのはふつう1頭のみ。産む赤ちゃんの数が一番少なく、かつ一番成長が遅い野生ネコだ。生まれたては250gほどで、生後15～18日で目を開く。生後3カ月くらいで母親のあとをついて歩き始め、独り立ちは17～22カ月。ただし、2歳まで母親のそばにとどまったり、3歳くらいまで親の行動圏から離れないこともある。メスの初出産は2歳～2歳半、オスの繁殖も2歳半。メスが生涯に産む子どもの数は5頭前後と、中型野生ネコとしては非常に少ない。飼育下の最高寿命は20歳

撮影地｜ギアナ　　撮影者｜Keith & Liz Laidler

子どもでも…ずぶ濡れで、ご飯をゲット！

ずぶ濡れで、毛がまだ乾ききっていない。オセロットの若猫が水辺で捕ったトカゲをくわえて、自慢げに振りまわしている。水中での狩りの記録はないが、木登りだけでなく、泳ぎも得意。水際の浅瀬などでよく狩りをする。世界三大瀑布として有名なイグアスの滝につながるイグアス川の急流を泳いで渡った記録をもつ。生きていくために必要な1日の食物が約680gなので、獲物もそれ以下の小型動物とされていた。しかし、最近の調査で大物も倒すことがわかってきた。爬虫類なら体重3kgほどのグリーンイグアナでさえ狩るという。噛む力が強いので、顎の弱いチーター（158頁）のように獲物を窒息させる必要がない。3kgほどの大型ネズミなら、首に噛みつくだけでなく、ジャガー（180頁）のように頭骨ごと鋭い歯で貫いて、ひと噛みで殺してしまう

撮影地｜ブラジル（マミラウア維持発展保護区）
撮影者｜Thomas Marent

オセロットの分布

DATA

和名	オセロット
英名	Ocelot
学名	*Leopardus pardalis*
分類	オセロット系統
保全	IUCNレッドリスト―低懸念（LC）
体重	オス7～18.6kg メス6.6～11.3kg
頭胴長	オス67.5～101.5㎝ メス69～90.9㎝
肩高	40～50㎝
尾長	25.5～44.5㎝

マーゲイ（margay）は、18世紀のフランスの博物学者ビュフォンが「野生のネコ」を意味する現地語から名づけた。南米の先住民トゥピ族のグアラニー語mbaracayáから派生した名前である。それゆえ古いスペイン語に、今も同じ綴りがマーゲイを表す言葉として残っている（スペイン語の発音は「エンバラカヤ」）。オセロットより小さいものの、おそろしくそっくりなので、写真ではほとんど見分けがつかない。驚くほど大きな目がオセロットよりはるかに大きいのだが、写真のようにいつもカッと目を見開いているわけではないからだ。一番の見分け方は長い尾で、オセロットのほっそり短いものとは違い、イエネコほどの体にふさふさした筒状の立派なものをつけている。だから、密猟者はマーゲイの毛皮の尾の部分をカットして、オセロットと偽って売っている

撮影地｜パナマ（ガンボア）
撮影者｜Mark Payne-Gill

マーゲイ

オセロットより目が大きく、尾が長い

マーゲイはオセロットと近縁種の関係にあり、斑紋の美しい毛皮など、外見も似ていて、子どもの時は見分けがつきにくい場合もあるほどだ。

ただし成熟したマーゲイは、オセロットより小柄でほっそりとした体格で、尻尾が長く、その差異は明確になる。そして何と言ってもマーゲイは、木登りが、オセロットのみならずネコ科動物全般の中で際立ってうまいことで知られている。

後ろ足の足首を内側に１８０度回転させるなど、樹上での活動に適した身体をもち、頭を下にして木を駆け下りたり、枝に片足でぶら下がることもできる。一日の多くの時間を木の上で過ごすという。

狩りは、主に夜間に地上と樹上の両方で行い、ネズミやリス、小鳥やトカゲ、カエル、昆虫類などを獲物とする。飼育下では、果物も好んで食べる。

ネコ科一番の木登り上手

左 | 木登り上手は、木を下りるのも名人。後ろ向きにこわごわではなく、リスのように頭から素早く下りる。しかし、野生イヌではこうはいかない。キノボリギツネの異名をとるハイイロギツネは、素早く木に登るが、下りるときは頭を上にして後ずさりする。これは地を走るために特化した野生イヌの足首と、樹上生活に特化した野生ネコの足首の違いによるものだ。マーブルキャットやウンピョウ、ヒョウも木登りの名手だが、マーゲイはその特別な身体構造で他の野生ネコにはない動きをみせる。たとえば、後ろの足首が内側に180度も回転するので、幅広の柔らかな足先で垂直の幹でもしっかり抱え込むことができる

撮影者 | Pardofelis Photography

下 | 子沢山のイエイヌの乳首は10個ほど、イエネコは平均8個、そしてマーゲイは一対だけの2個。哺乳類が一度に産む子どもの数は、乳首数÷2が目安なので、マーゲイは基本1頭の子どもしか産まない(ごく稀に2頭)。野生での繁殖はほとんどわかっておらず、飼育下でもうまく繁殖しないので限られた情報しかないが、妊娠期間は約80日、メキシコのチアパスで3〜6月に出産したとの報告がある。グアテマラ近郊で捕獲されたメスは、4月に子を身ごもっていた。出生時の体重は小さいと85〜125g、大きいと163〜170g。生後約2週で目を開き、8週で離乳する。オセロットが約2歳で大人の大きさになるのに対し、マーゲイは8〜10カ月と成長が早い。メスの最初の発情は12〜18カ月だが、最初の出産はオセロットと同じ2〜3歳である。飼育下の寿命は平均10〜20歳。カルロタという名の米国シンシナティ動物園のマーゲイは、2018年4月3日現在で26歳という

撮影地 | ブラジル(アマゾン)　撮影者 | Claus Meyer

マーゲイの分布

中南米の、メキシコからアルゼンチン北部にかけて広く分布しているが、生息する環境は、うっそうと茂った森林に限られている。それゆえ、森林が農地などに転換されていくにつれて、個体群が分断され、個体数も減っているという。マーゲイのメスは通常、一度の出産で1頭しか子どもを産まないことも、個体数が増えにくい要因となっている。

オセロット同様、毛皮目的で殺されることも大きな脅威だ。より高い値が付くオセロットとして売るために、尾を短く切られて出回ることもあるという。

DATA

和名	マーゲイ
英名	Margay
学名	*Leopardus wiedii*
分類	オセロット系統
保全	IUCNレッドリスト―準絶滅危惧(NT)
体重	オス2.3〜4.9kg メス2.3〜3.5kg
頭胴長	オス49〜79.2cm メス47.7〜62cm
肩高	30〜45cm
尾長	30〜52cm

タイガーキャット

マーゲイの口元をキュッと小さくした顔

タイガーキャットは、北は中米のコスタリカから、コロンビア、ベネズエラ、ブラジルを経て、南はパラグアイ東部、アルゼンチン北部までの範囲に生息する。が、2013年になって、新たな遺伝子の調査により、タイガーキャットは異なる2種に分かれることが明らかになった。ブラジル中部あたりを境目として、その北側に生息する個体はそのままタイガーキャット、南側に生息する個体は新たにサザンタイガーキャットという種となった。両種は、少なくとも10万年前に分岐したと考えられている。

両種ともに外見はほとんど同じで、体毛の斑紋やほっそりした身体はマーゲイとよく似ているが、より小柄で尾が短い。また、マーゲイほどではないものの、木登りがうまく、かつては森林のみに生息すると考えられていたが、実際には森林以外にも、様々なタイプの低木林、乾湿両タイプのサバンナなど、幅広い環境に生息していることが明らかになった。ただしブラジルでは、タイガーキャットは主に開けた乾燥地に生息するのに対して、サザンタイガーキャットは主に森林に生息すると見られている。

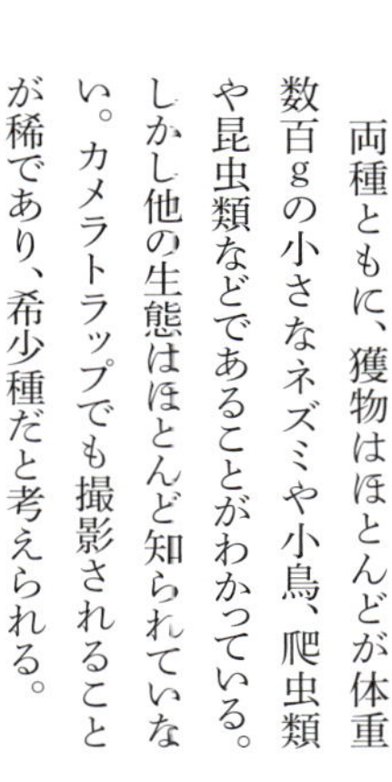

両種ともに、獲物はほとんどが体重数百gの小さなネズミや小鳥、爬虫類や昆虫類などであることがわかっている。しかし他の生態はほとんど知られていない。カメラトラップでも撮影されることが稀であり、希少種だと考えられる。

上｜生息地が重なるマーゲイにそっくりで、その小型版といわれる。大きさは日本の若猫ほど。マーゲイに比べると耳が大きく、鼻づらが小さく、模様が少し地味。マーゲイと違って長い筒状の尾をもっていないので、そこで見分けるしかない。模様はヒョウの模様を薄くしたようなロゼット模様か、ロゼットの中が薄くならず、黒か濃褐色で塗りつぶされた斑点になっている。写真ではわかりにくいが、首に黒っぽい縦縞が数本、足に黒い斑点、尾に7〜13本の不規則な輪状の縞が入る。メラニズム（黒色素過多症）の黒い個体は記録されているが数は少ない。若猫の鳴き声はイエネコのようにのどをゴロゴロ鳴らし、大人になると「グルグル（gurgle）」とリズミカルに鳴く。野生下での繁殖はほとんどわかっていないが、イエネコより妊娠期間が長く、ふつう子どもは一度に1頭（稀に2頭）しか産まないにもかかわらず、子どもの成長は比較的ゆっくりしている。発情期間は3〜9日間続き、妊娠期間は約75日。生まれたての子どもは、ふつう92〜134g、生後8〜17日で目を開き、15〜21日で歯が生え、38〜56日で固形食を食べ始める。離乳は生後約3カ月で、11カ月でほぼ大人と同じ大きさになる。飼育下の2頭は11カ月で性成熟し、1頭は4歳まで出産しなかった。性成熟は2〜2.5歳との報告もある。野生での寿命は不明で、飼育下の1頭のメスは17歳まで生きた。なお、英語のタイガー（Tiger）は必ずしもトラ柄の縞模様の野生ネコを意味するのではなく、トラより小さければ、スポット模様（斑点）であってもタイガーと呼ぶ。ジャガーをアメリカン・タイガーと呼ぶこともある。学名（種小名）のtigrinus（チグリヌス）は「虎斑（こはん、とらふ）の」でトラの模様を意味する

撮影者｜Rod Williams

タイガーキャットの分布

DATA

和名	タイガーキャット／サザンタイガーキャット
英名	Northern Oncilla、Northern Tiger Cat／Southern Oncilla、Southern Tiger Cat
学名	*Leopardus tigrinus*／*Leopardus guttulus*
分類	オセロット系統
保全	IUCNレッドリスト —絶滅危惧種：危急（VU）
体重	オス1.8〜3.5kg、メス1.5〜3.2kg
頭胴長	オス38〜59.1cm、メス43〜51.4cm
尾長	20.4〜42cm

右｜コスタリカとパナマの国境に登録された世界遺産「タラマンカ地方ーラ・アミスター保護区群／ラ・アミスター国立公園」の一角。一帯は1982年から生物圏保護区に指定されている。そのコスタリカ側の公園にある密林の獣道を歩むタイガーキャットの仲間。コスタリカの個体群は、タイガーキャットとも、ブラジル南部のサザンタイガーキャットとも異なる。現在はタイガーキャットの亜種として、セントラルアメリカタイガーキャット（Central Amer can Oncilla）とみなされている。今後の研究によっては独立した第3の種とされる可能性があり、さらに新たな種が見つかる可能性もあるという。しかし、コスタリカでは、これまで1940年から1977年の間だけで、彼らの生息地の半分以上が破壊されている。早急な調査の進展が待たれる

撮影地｜コスタリカ（タラマンカ山脈ラ・アミスター国立公園）
撮影者｜Nick Hawkins

ジョフロイキャット

頭をちょっと平たくした、
まるでイエネコ

名前は、18・19世紀のフランスの博物学者、ジョフロワ・サンティレール(Étienne Geoffroy Saint-Hilaire)にちなんで名づけられた。和名は英語の発音。メスは日本ネコほど、オスは大きく、イエネコの大型長毛種ほど。イエネコのような従順な性格と野生ネコの美しい体毛をもつ。イエネコより尾は短く、写真のように頭がやや平たいのが特徴。額から頭頂に数本の黒い縞模様が流れる。頬に沿って2本、喉や胸元にも水平に数本、黒い縞が走る。鼻鏡はピンク色で黒く縁取られている。丸い耳の背面は黒く、野生ネコに特有な白い虎耳状斑が目立つ。体は直径15～20㎜の小さな黒いスポット模様(斑点)に覆われ、ところどころ帯状につながる。尾には付け根近くに小さな斑点、先に向かって8～12本の輪状の黒い縞があり、先に行くほど黒いリングは太くなる。体色はライオンのような色から灰色がかったものまで幅がある。生息地の北部では鮮やかに赤みがかり、南ほど薄くなる。メラニズム(黒色素過多症)は珍しくない。地元ではアジアのスナドリネコ(108頁)のように、「漁(すなど)るネコ」と呼ばれ、魚獲りをするという。飼育下だけでなく、野生下でも水を厭わないという学者の説もある。ウルグアイとブラジルで採集された個体の胃の内容物から魚やカエルの残滓が見つかっており、これら猟師の逸話や研究報告を裏付ける結果となっている。

撮影者 | Gerard Lacz

このネコについての研究を深めたとされるフランスの博物学者の名を冠するジョフロイキャットは、北はボリビアから、南はアルゼンチン、チリまで、南米大陸の南部に広く分布している。

体格や顔つきがイエネコのようで可愛らしいが、低木林、乾燥林、草原、ステップ、湿地帯など、植生豊かなところを中心として様々な環境に対して高い適応力を発揮することで知られている。

獲物として捕まえるのは、体重200g程度の小型のげっ歯類や小鳥が多いが、地域や季節によって柔軟に食物を変えられる。たとえば、ジョフロイキャットの体が大きいチリ南部では（生息地によって身体の大きさもかなり異なる）、主に野ウサギを食べている一方で、アルゼンチンの沿岸潟では、捕獲しやすい大型の水鳥が重要な獲物となる。しかしこの同じ沿岸潟でも、水鳥が移動していなくなる季節には、小型のげっ歯類や野ウサギへの依存度を高める、といった具合である。また、大型動物の死骸を巣や木の上に隠したり、高い木の上に糞の山を築いたりする独特の習性があることが観察されている。

黒い斑点のある毛皮が美しく、かつ広い範囲に分布していることから、かつては毛皮目的で大量に殺され、国際的に取引されたこともあった。一部の地域ではその頃に絶滅もしているが、現在は、そうした懸念は低いようだ。

イエネコのような従順な性格に、美しい被毛を備える

お尻としっぽで支え、上体をペンギンのように垂直にする「プレーリードッグ」風お座りが得意。生後59日の子どもにも見られたという。捕食者がいないか、まわりに危険がないか、ミーアキャットやマングースの多くもこの姿勢をするのだが、大人のジョフロイキャットは10分もこの姿勢を保持する。野生での繁殖はほとんど知られていない。冬の寒さが厳しい南部では季節繁殖との説があり、北部は不明。数少ない観察例では、南部の出産時期は12～5月。飼育下では一年を通して繁殖するものの、北米の動物園では2～8月に発情して4～10月に出産し、南半球では12～5月に出産するという記録もある。妊娠期間62～76日で、1～3頭の子を産む（95例の平均は1.5頭）。野生では木の根元の樹洞を出産・育児に利用する。出生時の体重は65～90g。目は閉じて生まれ、生後8～19日で開く。生後2週間で体重は3倍になり、生後6カ月で母親とほぼ同じ大きさに。離乳は生後7週ほどから始まる。飼育下の性成熟は雌雄とも18カ月と、小型ネコにしては驚くほど遅い。1頭のメスは生後22カ月まで発情しなかったという。動物園の記録では、10歳になっても子を産むことは珍しくなく、最高齢の出産は13歳である。なお、イエネコと交配させたサファリキャットと呼ばれるハイブリッドが米国などで人気だ。日本では稀で、非常に高額で売買されているという（100万円以上）。近縁種のサザンタイガーキャット（192頁）と分布が重なり、交雑が現在でも活発である。

撮影者 | Gerard Lacz

ジョフロイキャットの分布

DATA

和名	ジョフロイキャット
英名	Geoffroy's Cat
学名	*Leopardus geoffroyi*
分類	オセロット系統
保全	IUCNレッドリスト一低懸念（LC）
体重	オス3.2～7.8kg、メス2.6～4.9kg
頭胴長	オス44～88cm、メス43～74cm
肩高	23～30cm
尾長	23～40cm

ウユニ塩湖やティティカカ湖で有名なアルティプラノは、アンデス山脈に抱かれ、天空に一番近い高原ともいわれる。その高地の岩場の陰からこっそり顔をのぞかせ、すこし驚いた表情のパンパスキャット。ずんぐりした体型で、大きさはイエネコほど。尾は密生した毛で覆われているが、頭胴長の半分と短い。写真は、淡い黄褐色の地に赤褐色の斑点があるので、「コロコロ型」というタイプ。コロコロは学名や別名にもなっていて、チリ中南部からアルゼンチンにかけて居住した先住民マプチェ族（旧名・アラウカノ族）の英雄コロコロの名にちなむという説がある。写真の右足には、くっきりと濃褐色の横縞。形態から3タイプに分かれる同種にあって、これは共通の模様である。コロコロ型の尾にはリング状の縞が入っている。地上性だが、木登り上手。ブラジルのゴイアニア動物園では、高い木の上の又にもたれかかって休んでいたという。野生での繁殖はほとんど知られておらず、飼育下での妊娠期間は80～85日で、1～3頭の子を産む。飼育個体13頭の平均は1.31頭。季節繁殖の傾向はまったく見られなかった。オハイオ州のシンシナティ動物園で生まれた子の体重は132g。1頭のメスは2歳で初めて交配したという。飼育下の最高年齢は16.5歳

撮影地｜ボリビア（アンデス山脈アルティプラノ）
撮影者｜Sebastian Kennerknecht

パンパスキャット

3色の被毛とタテガミをもつ

アルゼンチンに広がる大草原にその名が由来するパンパスキャットは、名前の通り、開けた草原を好むものの、生息環境は草原だけに限らない。森林、サバンナ、マングローブ林、砂漠、ステップなど、様々な環境で、臨機応変に生態を変えて暮らしている。

主な獲物は、各種ネズミなどのげっ歯類だが、シギダチョウという鳥やフラミンゴ、爬虫類や無脊椎動物も食べ、時に家禽も襲う。また、基本的には夜行性だが、同じく夜行性の大型ネコが生息域内にいたりすると昼行性になるといった具合である。

形態も、地域によって異なっており、大きくは3つに分けられる。たとえば、ペルー、チリ、アルゼンチンのアンデス高地に棲む「コロコロ」型は体毛の地の色が淡黄褐色なのに対して、他の地域に棲む「パンパス」型と「パンタナル」型は、それぞれ、白っぽい灰色の体毛と、赤褐色の体毛を

パンパスキャットの分布

DATA

和名	パンパスキャット、別名コロコロ
英名	Pampas Cat
学名	*Leopardus colocolo*
分類	オセロット系統
保全	IUCNレッドリスト―準絶滅危惧(NT)
体重	1.7〜3.7kg
頭胴長	42.3〜79㎝
肩高	23〜35㎝
尾長	23〜33㎝

この立派なピンク色の鼻がパンパスキャットの大きな特徴。生息地が重なり、よく似た近縁種アンデスキャットの鼻は黒いので、専門家は鼻の色で両種を見分けるという。大きな三角形の耳も本種の魅力のひとつで、南米の小型野生ネコのほとんどは耳が丸い。この三角耳の裏側が黒くて不明瞭な虎耳状斑があるものと、灰色で斑点がないものがいる。両類には濃く、または薄く、2本ずつ縞模様が入る。これは本種3タイプの共通した模様である。写真のセラード草原はブラジル国土の2割以上を占め、南米で最も広大な森林サバンナ地帯。残念ながら、この低地は牧畜や農業のための環境転換が急速に進み、本種の生息地は次々と消滅している

撮影地｜ブラジル(セラード地域)　撮影者｜Luciano Candisani

灰色の体毛に不明瞭なまだらの入ったパンパス型。本種の英名や和名にもなっているパンパスとは、アルゼンチン中部のラプラタ川流域に広がる丈高い大草原のこと。アルゼンチンやチリでは、その生息地の名から「パジェロネコ(gato pajero)」、「草原のネコ(grass cat)」として親しまれている。パジェロはパンパスグラスというススキに似た植物の現地名。日本ではシロガネヨシと呼ばれ、3mを超す背丈で、初秋の野原を銀白色に彩る帰化植物として知られる。パンパスキャットの由来となったアルゼンチンのパンパス草原では、このネコは絶滅したという

撮影地｜アルゼンチン(パタゴニア)　撮影者｜Gabriel Rojo

もつ。斑紋なども異なり、唯一の共通点は、足にある黒色の縞模様だけのようである。

パンパスキャットは、広く分布し適応力も高い。一部地域ではよく見られるため、全般的に個体数が多いものと思われてきた。しかし実際には希少であることがわかってきた。土地の開発や農地の拡大で生息地も減っている。また、残念なことに、名の由来の大草原パンパスではすでに絶滅したと考えられている。

アンデスキャット

ヒトをまったく恐れない 野生ネコ

南北に延びるアンデス山脈の、ペルー、ボリビア、チリ、アルゼンチンにまたがる高地にのみ生息する。標高は3000～5000m、植生はまばらではとんどむき出しの岩ばかりの斜面が生活の場だ。アンデスキャットは、その環境に適応できる体をもっている。

体毛が長く（4cm以上）、尾もふさふさとしているのは、極端な低温下を生き抜くためだろう。銀灰色の体毛は、岩石の間に溶け込むことを容易にする。そして背から脇腹にかけては、褐色から茶色に近い縞模様と斑点が、尾には濃い帯がある。

食物としては、同じ岩場に生息するヤマビスカーチャというげっ歯類に極めて大きく依存している。ヤマビスカーチャはウサギぐらいの大きさで、コロニーをつくって暮らしているが、アンデスキャットは、一つのコロニーを数日かけて襲って食べ、そしてまた次のコロニーを求めて数kmの規模で移動する。ヤマビスカーチャが全食料の9割以上を占めるようだ。

実際に姿が確認されるのはとても稀な動物で、生態については多くが謎に包まれたままだが、ジョフロイキャット同様に糞の山を作る習性があるため、その内容を調べることで食生活については詳しく知られるようになったという。

人間が近づいてもまったく気にしない性格であることもわかっている。

196頁のパンパスキャットのコロコロ型に似ているが、アンデスキャットは鼻が黒いのでひと目で見分けられる。淡い銀灰色の地色に茶色っぽいスポット模様や縞模様が入る。筒状の長い尾には、およそ7本前後のリング状の模様。リングの幅はパンパスキャットの3倍ほど。がっしりした足にも太い横縞が走る。1941年、英国の動物学者レジナルド・インズ・ポコックは、その標本を分析して「ユキヒョウ（88頁）のようだ」と評した。体は小さいものの、野生ネコとしては珍しく豊かな被毛を備えている。彼の計測により「背中の毛は約40㎜、ふさふさした尾の毛は35㎜」とされた。アルティプラノ（196頁）などの生息地は標高4,000mを超え、最低気温は氷点下だ。この毛の長さも納得がいく。野生での観察は稀で、生態もほとんどわかっていない。その生息数は今も減少し続けており、2014年現在の成熟個体数はわずか1,378頭。ブエノスアイレスの毛皮市場でアンデスキャットの皮が売られていれば、まだ絶滅を免れているという

撮影地｜アルゼンチン（アンデス山脈アブラ・グラナダ）
撮影者｜Sebastian Kennerknecht

アンデスキャットの分布

DATA

和名	アンデスキャット
英名	Andean Cat 別名Andean Mountain Cat
学名	*Leopardus jacobita*
分類	オセロット系統
保全	IUCNレッドリスト ― 絶滅危惧種：危機（EN）
体重	3～7kg
頭胴長	57～65㎝
尾長	41～48㎝

コドコド

新世界最小の野生ネコ

北中南米に生息するネコ科動物の中で最小の種であるコドコドは、通常体重が1.5〜2.5kgで、イエネコの半分ほどしかない。斑紋などの外見はジョフロイキャットによく似ていて、遺伝的にも最も近縁の種であるが、コドコドのほうが一回り小さい。また尾が、ジョフロイキャットに比べてふさふさしているのも特徴だ。

生息地は、チリの中部と南部、そしてアルゼンチン南西端の、チリに隣接する一部の場所に限られている。それらの地域の森林や低木林で暮らしている。

昼も夜も活動し、主に小型のネズミや鳥類を獲物とする。トカゲなどの爬虫類、体重30g程度の小さなオポッサムも食べる。また人間の生活圏の近くでは、家禽のニワトリやガチョウを襲うことでも知られているため、現地の人にはコドコドはよく思われてなく、時に捕らえられて殺されている。

元来限られた地域にしかいないことに加え、主な生息場所である森林が農地に転換されていっていることによって、まとまった個体群が、多くの小さな個体群へと分断化されるということが進行している。またアルゼンチンとチリの両国で、法律によって完全に保護されてはいるものの、先述のように人間との関係も良好とはいえず、違法に殺されることが今も多い。そのため、個体数は減少していると見られている。

コドコドの赤ちゃん。野生の繁殖はほとんどわかっていない。生息地の冬が厳しいため、季節繁殖の可能性があるという。チリ南部で捕獲された子どもの推定年齢から、交尾期を初春と8・9月、出産期を10月下旬から11月上旬と推定している。飼育下での妊娠期間は72〜78日で1〜3頭の子を産む。顔まわりの濃色の模様によるのか、コドコドの顔が57頁のようなピューマの子どもの顔に似ているとする専門家もいる

撮影地｜チリ　撮影者｜Jose Saavedra

体は小作りだが、尾は立派でふさふさとした筒状。リング状の縞が入るが、付け根では模様が少し崩れ気味。丸い耳と大きな鼻鏡（びきょう）をもち、写真でもわずかにわかるが、耳の裏側には白い虎耳状斑（こじじょうはん）がある

撮影地｜チリ（プジェウェ国立公園）　撮影者｜Mauro Tammone

チリのプジェウェ国立公園の観光用舗装道路で、ふと立ち止まったコドコド。道路建設で生息地が分断され、多くの個体群が孤立しているという。野生ネコながら街を歩くイエネコの半分ほどしかない世界最小クラス。褐色系の地色に体側には暗色の小さな斑点がびっしり入る。こぢんまりした顔には眉のような縦縞、頬に濃い縞がくっきり。そのせいか、同じような顔模様のジョフロイキャット(194頁)に似ているといわれるが、体はもちろん、頭もずっと小さい。コドコドの名前の由来はあいまいで、チリ中南部からアルゼンチンにかけて居住した先住民マプチェ族(旧名・アラウカノ族)の方言のひとつともいわれる。196頁のパンパスキャットの学名コロコロ(colocolo)はコドコド(kodkod)のスペイン語の転訛(なまり)かもしれないという説まである(コロコロは混乱をきたす名称とする専門家がいるほど)。チリとアルゼンチンにしか生息しておらず、現地ではグイーニャ(güiña:gwee-nyaと発音)の名で親しまれ、学名の由来ともなっている

撮影地 | チリ(プジェウェ国立公園)
撮影者 | Mauro Tammone

コドコドの分布

DATA

和名	コドコド
英名	Guiña
学名	*Leopardus guigna*
分類	オセロット系統
保全	IUCNレッドリスト―絶滅危惧種: 危急(VU)
体重	オス1.7～3kg メス1.3～2.1kg
頭胴長	オス41.8～49cm メス37.4～51cm
尾長	19.5～25cm

カワウソネコと呼ばれて

ジャガランディ

この奇妙な横顔をもつネコは、唯一無二のネコだ。頭はネコのように、まるっとしていないし、扁平につぶれぎみで、ふたつの耳は遠く離れている。首は長く、胴も長く、足はネコとして残念なほど短い。遺伝子的にはピューマやチーターの仲間である、とよく驚きをもって記述されるのだが、いや、それ以前に、そもそも、この容姿でホンモノのネコなんですか、と問いたくなる。そう感じる人がたくさんいるようで、メキシコでは「カワウソネコ」と呼ぶ。よくいわれるのは「ああ、あのイタチネコか」と。一番似ている動物をタイラという。イタチの仲間で、本当によく似ている。生息地もかぶるし、ジャガランディの黒系とは見分けがつかない。それでも、研究者にはすぐわかるという。地を這うように生きているタイラを下から見ると、ノドにすごく大きな黄色い涎掛けのような模様があるからだ。このようにジャガランディは、どこまでも他の動物と比べられるネコだからこそ、ネコの姿とは何かを考えさせる、かけがえのないネコなのである

撮影者 I Roland Seitre

赤と黒。2色の兄弟もいる

上｜ジャガランディの赤系。その昔、黒系は別の生き物と考えられていたので、南米の先住民トゥピ族は、写真の赤系をアイラ、黒系をyawaum'diと呼んだ。学者は赤系にeyraを、黒系にJaguarundiの英語を当てた。しかし、同じ母親から2色の子が生まれたので、赤系・黒系とも同種ということがわかり、両者ともジャガランディという名になった。赤系といっても幅があり、黄褐色のピューマのような色から写真のようなオレンジ色に近いものまでいる

撮影者｜Rod Williams

下｜まさに黒系のジャガランディ。黒系は学術的には鉄灰色系というが、写真の個体は、ほぼクロヒョウのようなメラニズム(黒色素過多症)といってもよい。黒系は薄い灰褐色から黒色まであるので、どれがブラックジャガランディと呼べるか難しい。21頁のクロヒョウ、96頁のアジアゴールデンキャットのように顔中、鼻まで真っ黒ではない 。不思議なことに、メラニズムのジャガランディは、全身真っ黒にならず、写真のように頭まわりだけ色が少し薄くなることが多いという

撮影地｜エクアドル(アマゾン川流域)　撮影者｜Pete Oxford

模様のない唯一の小型野生ネコ

このツーショット。他のネコではまず撮れない。たしかに赤系と黒系の2色ネコは他にもいる。アジアゴールデンキャットとか、アフリカゴールデンキャットとか。それでも、同腹でこれだけ2色が生まれる野生ネコは珍しい。写真のように木登りが得意で、木々の枝から枝へ、するする駆け巡る。泳ぎも得意。でも、木の上でも水中(上)でもなく、野生ネコでは珍しく、昼日中の、それも地上で狩りをする。野生ネコの例に漏れず、主にネズミなどのげっ歯類をはじめ小さな鳥や爬虫類を食べる。しかし、イエネコの長毛大型種くらいの体で、優に1kgを超えるウサギなども食べる逞しさだ。また、ストレス解消目的にすぎないとするなど、イエネコが草を食べる是非が議論されることもあるが、野生ネコの多くがそうであるように、ジャガランディもよく草を食べる。道路で轢き殺されたジャガランディの半数で、胃に草が残されていたのだ

撮影者 | Arco / G. Lacz

ピューマ、チーターとともにピューマ系統に入る中で異色なのがこのジャガランディだ。中米、南米に生息するが、同地域の他の小型ネコと似つかず、そもそもネコよりもイタチやカワウソのようにも見える。実際英語では、Otter cat（＝カワウソネコの意）とも呼ばれる。しかし近年のDNA研究によって、ピューマやチーターと近縁の関係にあることが判明した。小さな頭や細長い体型に加え、ホイッスルのような声など、この3種だけに共通する特徴が確かにある。

主に低地に暮らすものの、森林やサバンナ、密生した草原、沼沢地など、生息する環境は幅広い。泳ぎや木登りが得意で、川を渡り、樹上を移動することもできる。その機動力を生かして、主にげっ歯類、鳥類、爬虫類などの小さな獲物を捕るが、より大きなウサギやアルマジロも食べる。またピューマ同様にジャンプが得意で、2mほど跳び上がって鳥を捕ったりもする。加えて、木に登ってイチジクを食べる様子も観察されているが、果実を食べるのはネコ科の動物としては珍しい。

……といったことはわかっているが、ジャガランディについては今も多くが謎に包まれたままである。南米では比較的豊富にいると考えられているが、かつて存在した北米では30年以上姿が確認されておらず、絶滅した恐れもある。より研究が進むことが望まれる。

赤系と黒系の2色に分かれるジャガランディにあって、この子は黒系。生まれたばかりの子でも、色別ははっきりしている。残念ながら野生の繁殖は、ほとんど知られていない。飼育下では一年を通して出産する。妊娠期間70〜75日で、2〜3頭（平均1.83頭）の子を産む。生後5〜6週で離乳し、母親は3週で子に食べ物を運び始める。子は生後6週まで固形物を食べない。野生下でもそうだが、子がまだ肉を食べられなくても、食の訓練のため母親は子の口元に肉を運ぶ。性成熟には幅があり、生後17〜26カ月。動物園での寿命は10.5歳

撮影地｜ブラジル（アマゾン川流域）　撮影者｜Nick Gordon

ジャガランディの分布

DATA

和名	ジャガランディ
英名	Jaguarundi
学名	*Herpailurus yagouaroundi*
分類	ピューマ系統
保全	IUCNレッドリスト—低懸念（LC）
体重	オス3〜7.6kg、メス3.5〜7kg
頭胴長	メス53〜73.5cm
肩高	35cm
尾長	27.5〜59cm

参考文献

- Mel Sunquist、Fiona Sunquist『Wild Cats of the World』(University of Chicago Press、2017年)
- タムシン・ピッケラル、アストリッド・ハリソン『世界で一番美しい猫の図鑑』五十嵐友子 訳(エクスナレッジ、2014年)
- フィオナ・サンクイスト、メル・サンクイスト『世界の美しい野生ネコ』今泉忠明 監修(エクスナレッジ、2016年)
- ルーク・ハンター『野生ネコの教科書』今泉忠明 監修(エクスナレッジ、2018年)
- 今泉忠明『野生ネコの百科 第4版 (動物百科)』(データハウス、2011年)
- 今泉吉典 監修『世界の動物 分類と飼育〈2〉/食肉目』(東京動物園協会、1991年)
- 黒瀬奈緒子『ネコがこんなにかわいくなった理由(PHP新書)』(PHP研究所、2016年)
- 仁川純一『ネコと分子遺伝学』(コロナ社、2013年)
- 仁川純一『ネコと遺伝学 (新コロナシリーズ)』(コロナ社、2003年)
- ローラ・グールド『三毛猫の遺伝学』清水真澄 監修(翔泳社、1997年)
- 野沢謙『ネコの毛並み―毛色多型と分布(ポピュラー・サイエンス)』(裳華房、1996年)
- 近藤滋『波紋と螺旋とフィボナッチ』(学研プラス、2013年)
- フィリップ・ボール『かたち:自然が創り出す美しいパターン』林大 訳(早川書房、2011年)
- 長谷川政美『系統樹をさかのぼって見えてくる進化の歴史』(八坂書房、2011年)(BERET SCIENCE)』(ベレ出版、2014年)
- 長谷川政美『新図説 動物の起源と進化―書きかえられた系統樹』(八坂書房、2011年)
- 長谷川政美、岸野洋久『分子系統学』(岩波書店、1996年)
- 冨田幸光『新版 絶滅哺乳類図鑑』(丸善、2011年)
- 土屋健『古第三紀・新第三紀・第四紀の生物 上巻(生物ミステリー)』(技術評論社、2016年)
- 加藤太一 監修『【DVD付】古生物 (学研の図鑑LIVE)』(学研プラス、2017年)
- 日本古生物学会 監修『小学館の図鑑NEO 大むかしの生物』(小学館、2004年)
- Kevin Hansen『Bobcat: Master of Survival』(Oxford University Press、2006年)
- 今泉忠明『イリオモテヤマネコの百科 (動物百科)』(データハウス、1994年)
- 戸川幸夫『イリオモテヤマネコ―"生きた化石動物"の謎(新報新書)』(琉球新報社、2015年)
- 安間繁樹『イリオモテヤマネコ 狩りの行動学』(あっぷる出版社、2016年)
- 山村辰美『ツシマヤマネコの百科 (動物百科)』(データハウス、1996年)
- ツシマヤマネコBOOK編集委員会『ツシマヤマネコ―対馬の森で、野生との共存をめざして 改訂版』(長崎新聞社、2008年)
- 増田隆一 編『日本の食肉類』(東京大学出版会、2018年)
- 大石孝雄『ネコの動物学』(東京大学出版会、2013年)
- 林良博 監修『イラストでみる猫学(KS農学専門書)』(講談社、2003年)
- ジョン・ブラッドショー『猫的感覚』羽田詩津子 訳(早川書房、2014年)
- ピーター・P・マラ、クリス・サンテラ『ネコ・かわいい殺し屋―生態系への影響を科学する』岡奈理子 ほか訳(築地書館、2019年)
- アビゲイル・タッカー『猫はこうして地球を征服した:人の脳からインターネット、生態系まで』西田美緒子 訳(インターシフト、2018年)
- 山根明弘『ねこの秘密(文春新書)』(文藝春秋、2014年)
- 正田陽一 ほか『品種改良の世界史 家畜編』(悠書館 、2010年)
- 『ナショナル ジオグラフィック日本版 2017年2月号』102 ~117頁クリスティン・デラモア「ひそやかなネコ」(日経ナショナルジオグラフィック社)
- 『ナショナル ジオグラフィック日本版 2006年1月号』92 ~103頁ダニエル・グリック「オオヤマネコ再び森へ [カナダから米国への移住大作戦]」(日経ナショナルジオグラフィック社)
- 『動物のサイエンス(別冊日経サイエンス)』6~15頁S.J.オブライエン、W.E.ジョンソン「ネコがたどってきた1000万年の道」(日本経済新聞出版社、2018年)
- 『動物のサイエンス(別冊日経サイエンス)』22~28頁L.トルート、L.A.デュガトキン「キツネがイヌに化けるまで」(日本経済新聞出版社、2018年)
- 『犬と猫のサイエンス(別冊日経サイエンス)』72~83頁C.A.ドリスコル他
- 「1万年前に来た猫」(日本経済新聞出版社、2015年)
- V. G. Heptner ほか『Mammals of the Soviet Union : Carnivora, Part 2 (Hyaenas and Cats)』(Brill Academic Pub、1992年)
- Quentin Phillipps『Phillipps' Field Guide to the Mammals of Borneo』(Princeton Field Guides、2016年)
- Andrew Schofield『White Lion: Back to the Wild』(Quickfox Publishing、2013年)
- Lee Alan Dugatkin, Lyudmila Trut『How to Tame a Fox (and Build a Dog)』(University of Chicago Press、2017年)
- Anwaruddin Choudhury『THE MAMMALS OF NORTH EAST INDIA』(GIBBON BOOKS AND THE RHINO FOUNDATION FOR NATURE IN NE INDIA、2013年)
- Iucn/Ssc Cat Specialist Group『The Wild Cats: A Status Survey & Conservation Action Plan』(World Conservation Union、1996年)
- James G.Sanderson、Patrick Watson『Small Wild Cats: The Animal Answer Guide』(The Johns Hopkins University Press、2011年)
- Luke Hunter『Carnivores of the World (Princeton Field Guides)』(Princeton University Press、2019年)
- Ronald M. Nowak『Walker's Carnivores of the World』(The Johns Hopkins University Press、2005年)
- Alan Turner『The Big Cats and Their Fossil Relatives: An Illustrated Guide to Their Evolution and Natural History』(Columbia University Press 、2000年)
- Harrison Weir『Our Cats and all About Them: Their Varieties, Habits, and ...described and Pictured』(Sagwan Press、1892年)
- J. Anne Helgren『Barron's Encyclopedia of Cat Breeds: A Complete Guide to the Domestic Cats of North America』(BARRON'S、2013年)
- Mordecai Siegal『The Cat Fanciers' Association Complete Cat Book』(Collins Reference、2002年)
- Cat fancier's association『THE CAT FANCIERS' ASSOCIATION CAT ENCYCLOPEDIA』(Simon & Schuste、1995年)
- Sara Munson Deats『Cats I Have Loved』(Strategic Book Publishing & Rights Agency, LLC、2015年)
- スージー・ペイジ『猫のすべてがわかる本』古川奈々子 訳(ベストセラーズ、1998年)
- 山根 明弘 ほか『不思議な猫世界―ニッポン 猫と人の文化史(趣味どきっ!)』(NHK出版、2018年)
- ねこのきもち特別編集『毛柄がいっぱい!ねこのきもち』(ベネッセコーポレーション、2012年)
- 今泉忠明 監修『猫の毛色&模様まるわかり100!』(学研パブリッシング、2013年)
- 早田由貴子 監修『まるごとわかる 猫種大図鑑 (Gakken Pet Books)』(学研パブリッシング、2014年)
- 田中秀和 ほか『[猫クラブ] ベンガル (カラー・ガイド・ブック)』(誠文堂新光社、1996年)
- 高野賢治 ほか『[猫クラブ] アビシニアン(カラー・ガイド・ブック)』(誠文堂新光社、1996年)
- 新井熙子『ペルシャ猫 (キャットライブラリー)』(誠文堂新光社、2004年)
- アメリカンショートヘアークラブジャパン『アメリカン・ショートヘアー(キャットライブラリー)』(誠文堂新光社、2004年)
- 室伏誠 ほか『ノルウェージャン・フォレスト・キャット(キャットライブラリー)』(誠文堂新光社、2004年)
- 加藤恵子ほか『ロシアンブルー(キャットライブラリー)』(誠文堂新光社、2003年)
- 山崎哲、グロリア・スティーブンス『世界のネコたち』(山と溪谷社、2000年)
- 小島正記 監修『DKビジュアル猫種百科図鑑』(緑書房 、2016年)
- ブルース・フォーグル『新猫種大図鑑』(ペットライフ社、2004年)
- P.R. メッセント編『動物大百科11 ペット(コンパニオン動物)』(平凡社、1987年)
- ジェラルド・ハウスマン、ロレッタ・ハウスマン『猫たちの神話と伝説』池田雅之 ほか訳 (青土社、2000年)
- フレッド・ゲティングズ『猫の不思議な物語』松田幸雄ほか訳(青土社、1993年)
- 打越綾子 ほか『人と動物の関係を考える』(ナカニシヤ出版、2018年)
- 中島由佳『ひとと動物の絆の心理学』(ナカニシヤ出版、2015年)
- Peter Sandøe ほか『Companion Animal Ethics (UFAW Animal Welfare)』(Wiley-Blackwell、2015年)
- ギヨーム・デュプラ『仕掛絵本図鑑 動物の見ている世界』渡辺滋人 訳(創元社 、2014年)
- 『ココリコ田中×長沼毅presents 図解 生き物が見ている世界』(学研パブリッシング 、2015年)
- 中島啓裕『イマドキの動物ジャコウネコ:真夜中の調査記 (フィールドの生物学)』(東海大学出版部、2014年)
- 本川雅治 監訳『小型肉食獣のなかま(知られざる動物の世界)』(朝倉書店、2013年)
- 山岸哲 編『マダガスカルの動物―その華麗なる適応放散』(裳華房、1999年)
- 小山直樹『マダガスカル島―西インド洋地域研究入門』(東海大学出版会、2009年)
- 町田修『新 うさぎの品種大図鑑 増補改訂版』(誠文堂新光社、2014年)
- 鎌田正、米山寅太郎『新漢語林 第二版』(大修館書店、2011年)
- スミソニアン協会 監修『驚くべき世界の野生動物生態図鑑』小菅正夫 監修(日東書院本社、2017年)
- デイヴィッド・バーニー 編『世界動物大図鑑―ANIMAL DKブックシリーズ』日高敏隆 編(ネコ・パブリッシング、2004年)
- フレッド・クック 監修『地球動物図鑑』(新樹社、2006年)
- 今泉忠明 監修『哺乳動物 〈1〉 (講談社 動物図鑑 ウォンバット)』(講談社、1997年)
- D.W. マクドナルド編『動物大百科 (1) 食肉類』今泉吉典 監修(平凡社、1986年)
- ジュリエット・クラットン=ブロック『世界哺乳類図鑑(ネイチャー・ハンドブック)』渡辺健太郎 訳(新樹社、2005年)
- 今泉忠明 ほか『学習科学図鑑 動物』(学習研究社、1994年)
- 三浦慎悟 監修 ほか『DVD付 新版 動物(小学館の図鑑 NEO)』(小学館、2014年)
- 山極寿一 監修『動物 新訂版(講談社の動く図鑑MOVE)』(講談社、2015年)
- 今泉忠明 監修『【DVD付】動物(学研の図鑑LIVE)』(学研プラス、2014年)
- 澁澤龍彦『プリニウスと怪物たち』(河出書房新社 、2014年)
- クロード・レヴィ=ストロース『大山猫の物語』渡辺公三 監訳(みすず書房、2016年)
- ウェルギリウス『牧歌/農耕詩(西洋古典叢書)』小川正廣 訳(京都大学学術出版会、2004年)
- David L. Witt『Ernest Thompson Seton: The Life and Legacy of an Artist and Conservationist』(Gibbs Smith、2010年)
- Takayuki Miyazawa, et al. "Multiple invasions of an infectious retrovirus in cat genomes". Scientific Reports. 2015 Feb 2; 5:8164.
- David W. Macdonald, et al. "The Near Eastern Origin of Cat Domestication". Science. 2007 Jul 27; 317(5837): 519-523.
- J. D. Vigne, et al. "Early Taming of the Cat in Cyprus". Science. 2004 Apr 9; 304(5668): 259.
- Leslie A. Lyons, et al. "The Ascent of Cat Breeds: Genetic Evaluations of Breeds and Worldwide Random Bred Populations". Genomics. 2008 Jan; 91(1): 12-21.
- Warren E. Johnsona, et al. "Patterns of molecular genetic variation among cat breeds". Genomics. 2008 Jan; 91(1): 1-11.
- Changsui Wang, et al. "Earliest evidence for commensal processes of cat domestication". PNAS. 2014 Jan 7; 111(1): 116-120.
- Marilyn Menotti-Raymond, et al. "Four Independent Mutations in the Feline Fibroblast Growth Factor 5 Gene Determine the Long-Haired Phenotype in Domestic Cats". Journal of Heredity. 2007 Sep; 98(6): 555–566.
- Gabriela Wlasiuk, Michael W. Nachman. "The Genetics of Adaptive Coat Color in Gophers: Coding Variation at Mc1r Is Not Responsible for Dorsal Color Differences". Journal of Heredity. 2007 Sep; 98(6): 567–574.

INDEX

系統 INDEX

本文・写真解説　**澤井聖一**　*Seiichi Sawai*

株式会社エクスナレッジ代表取締役社長、月刊『建築知識』編集兼発行人。生態学術誌*Kυανοσ οικοσ*(キュアノ・オイコス、鹿児島大学海洋生態研究会刊)・生物雑誌の編集者、新聞記者などを経て、建築カルチャー誌『X-Knowledge HOME』創刊編集長。書籍『世界の美しい透明な生き物』『世界の美しい飛んでいる鳥』『世界で一番美しいイカとタコの図鑑』『奇界遺産』『世界の夢の本屋さん』などを企画編集。著書に『絶景のペンギン』『絶景のシロクマ』『世界の美しい色の町、愛らしい家』『オオカミと野生のイヌ』(共著)がある

野生のネコ本文　**近藤雄生**　*Yuki Kondo*

1976年東京生まれ。東京大学大学院工学系研究科修了後、5年半の間、世界各地を旅しつつルポルタージュなどを執筆。2008年秋に帰国以来、京都市在住。著書に『吃音―伝えられないもどかしさ』(新潮社)、『オオカミと野生のイヌ』(共著、エクスナレッジ)、『遊牧夫婦』シリーズ3巻(ミシマ社)、『遊牧夫婦　はじまりの日々』(角川文庫)、『旅に出よう』(岩波ジュニア新書)、『わらういきもの』(エクスナレッジ)。『奇界生物図鑑』(エクスナレッジ)のテキストも担当。大谷大学／京都造形芸術大学 非常勤講師。理系ライター集団『チーム・パスカル』メンバー
www.yukikondo.jp

アートディレクション
鈴木麻祐子(Dynamite Brothers Syndicate)

デザイン
岡崎菜央(Dynamite Brothers Syndicate)

カバーアートワーク
音海はる

地図
長岡伸行

印刷・製本
図書印刷株式会社

Photo Credit

アマナイメージズ
4,5,6,8,10,11,12,13,14,16,17(下),18(上・下),19(上・下),20,21,22,23,24,25,26-27,28-29,30,31(上・下),32,33(上・下),34,35,36,37,38,39(上・下),40,41,42,43(上・下),44,45,46,47(上・下),48(上・下),52-53,54-55,56,57(上・下),58-59,60-61,62,64,66,65,67,69,70,71,74-75,77(上・下),78(下),80-81,82-83,84,85(下),86,87,88,89,90,91,92,93,94,95,96,97,98-99,100-101,102,103(上・下),104,105,106,107,108,109(上・下),110,111(上・下),112,113,114-115,118-119,119,121(中・下),122(上),125,126(上),127(下),128,129,130,131,132,133,134,135,136,137,138,139(上・下),140,141(上・下),142,143(上・下),145(上・中・下),146,147(上・下),150,151(上・下),152-153,154,155,156(上・下),158-159,160,161,162-163,164,172-173,174,175(下),176,177,178-179,180,182,183,184-185,186,187,189,190,191(上・下),192,193,194,195,196,197(上・下),198-199,202,203(上・下),204,205

アフロ
7,15(左),68,72,78(上),116,117(上),122(下左),144,148(上・下),166,167,168-169,170-171,175(上),181,188,200(右)

Mauro Tammone
200(左),201

対馬野生生物保護センター
117(下)

家のネコと野生のネコ

2019年 7 月31日　初版第1刷発行
2019年11月29日　　　第4刷発行

発行者　澤井聖一

発行所　株式会社エクスナレッジ
〒106-0032
東京都港区六本木7-2-26
http://www.xknowledge.co.jp/

問合先　販売 TEL.03-3403-1321　FAX.03-3403-1829